星界の報告

ガリレオ・ガリレイ
伊藤和行 訳

講談社学術文庫

目次

凡　例

・本訳書では、一六一〇年にヴェネツィアで刊行された初版を底本として用い、国定版全集とフランス語訳（羅仏対訳版）を参照した。
・原文には章などの区分がないが、読者の便宜を考慮し、訳者の判断で全四章に分割した上、各章の冒頭に標題を付した。
・原文中の（　）は訳文でも（　）で、訳者による補足は［　］で示した。訳注は各章の末尾に置いたが、短いものは本文中に［　］で示した。
・長い段落については、訳者の判断で適宜分割し、新しく段落を挿入してある。
・第四章にある木星の衛星の図版は、原文では一つずつ本文中に挿入されているが、本訳書では本文の外に対応するものをまとめて掲載した（参照の便宜のため、各図版には新たに番号を振っている）。なお、図版への言及のあとは段落を改めたが、これは原文にはないものである。
・図版は、一六一〇年版のものを掲載しているが、本によって図が不完全な場合があるので、リプリント（Alburgh: Archival Facsimiles Limited, 1987）、国定版全集、フランス語訳のものを用いた。

星界の報告

フィレンツェの貴族にしてパドヴァ大学数学教授であるガリレオ・ガリレイが、最近、彼自身によって考案された覗き眼鏡でもって、月の表面や、無数の恒星、天の川、雲のような星々、そして何よりも、木星の周りを異なる間隔と時間において驚くべき速さで回転する、今日まで誰にも知られず、最近著者が初めて発見し、メディチ星と名づけることを決意した四つの惑星について観察した、壮大で大いに驚嘆すべき光景を開き、万人に、とりわけ哲学者と天文学者に提示する。

ヴェネツィア、トマゾ・バリオーニ書店、一六一〇年

第四代トスカナ大公コジモ・デ・メディチ二世殿下[*1]

徳において卓越した者の優れた行いを羨望から護り、不滅に値する名前を忘却や消滅から救おうと努めた人々の思いは、たしかに傑出したものであり、人間性に満ち溢れたものです。この思いのもとに、後世の記憶のために像が大理石に彫られ、あるいは青銅で鋳造されてきました。また、立像と騎馬像が設置され、かの詩人が述べているように、星にも届かんばかりに高価な円柱やピラミッドが建てられてきました。[*2] そしてついには、感謝の念を抱く後世の人々によって永遠に残すべきものと判断された者たちの名の冠された街が築かれてきました。というのも、人間精神のありさまとは、外部から絶え間なく押し入ってくる事象の像によって駆り立てられなければ、あらゆる記憶がそこから容易に消え去ってしまうようなものだからです。

その一方で、さらに堅固で永続的なものを求める人々は、偉大な者たちへの永遠なる讃美を、大理石や金属ではなく、ムーサ[*3]の保護と文芸の不滅の記念碑において不朽のものにしてきました。しかし、どうして人間の才知がこれらの領域のうちで満足してしまい、その向こうへ進もうとしないかのように語ることができましょうか。むしろ、より遠くを眺め、そして人間による記念物は戦争、天候、長い年月によってついには滅びゆくことをよく理解していたので、貪欲なる時と嫉妬深い老いが何ら権利を要求できないような、より変質しづらい標《しる》しを案出したのです。こうして天に赴いては、非常に明るい星というよく知られた不滅なる球体に対して、崇高と言えるような卓越した行いにより、それらの星々とともに永劫の時を享受するにふさわしいとみなされた者たちの名前が記されたのです。それゆえ、ユピテル、マルス、メルクリウス、ヘラクレス、そしてその名によって星々が呼ばれている他の英雄たちの名声は、それらの星の輝きが続く限り、忘れ去られることはありません。けれども、人間の炯眼によって得られた、何よりも高貴で称讃されるべきこの思いつきは、すでに長い時代の間に廃れてしまいました。あたかも古代の英雄たちがあの輝く座を占め、自らの権利としてそれを保有しているかのようです。アウグストゥス[*4]は、ユリウス・カエサルへの忠誠心から、彼を英雄たちの仲間に加えようと試みましたが、この試みは甲斐なく終わりました。というのも、ギリシア人も我々も「髪の毛のような」と呼ぶ星[*5]［彗星］の一つで、彼の時代に現れたものに、ユリウスの星と名づけることをアウグストゥスは望んだのですが、その星は短期間で消えてしまい、大きな願望への期待は欺かれてしまったのです。しかし、尊顔麗しき君主殿下、殿下にとってははるかに公正で幸多きことを予言できましょう。といいますのも、殿下の魂の不滅の栄誉が地上で輝き始めるや否や、天上では輝く星が姿を現し、まるで言葉を発する舌のように、殿下の傑出した徳をいつも語り、そして讃えるからです。

では、殿下の御高名のために取り置かれた四つの星をご覧ください。それらの星は、ありふれており、輝かしさの点で劣る不動の星［恒星］の一員ではなく、さまよう星［惑星］という輝かしき階位に属するものです。たしかに、それらは同類の星の中でも最も高貴な木星の周りを、その正統な御子として、互いに異なる運動によって、驚くべき速さでそれぞれ運行し、回転しています。同時に、完璧なる調和をもって、世界の中心である太陽自体の周りに、それらはみな一緒に一二年で大きな回転を成し遂げます。さて、他の何にもまして殿下の御高名にこれらの新しい惑星を捧げることを、かの星々の創造者が明瞭な標しによって私に促しているように思われます。というのも、これらの星は、木星にふさわしき御子として、そのそばからわずかな間隔以上離れることはありません。そのように、寛大さ、心の温和さ、物腰の甘美さ、君主の血筋の輝き、振舞いにおける威厳、他の者たちに対する権威と権勢の広範さ、これらすべては、たしかに殿下におきまして、その住まいと座を据えていることを誰もが認めております。これらすべてが、あらゆる善の源泉である神にしたがって、木星という寛大なる星から発せられることを誰が知らないであろうか、と私は述べましょう。木星が、木星こそが、と申すのですが、殿下が初めてこの世にお出ましになられた際、水平線の揺れ動く蒸気の向こうで中天[*6]を占め、その王宮から東のアングルス[*7]を照らし、その崇高なる玉座から殿下の至福なるご誕生を見守っていたのです。そして、木星はそのすべての輝きと荘厳さを澄みきった空気に惜しみなく与えて、殿下の柔らかき小さな御身体が、すでに神によって高貴な装飾で飾られた魂と一緒に、その力と権力すべてを最初の一息で引き込むようにしたのです。しかし、そのことをほぼ必然的な根拠をもって結論し、論証できるときに、なぜ私は蓋然的な論拠を用いるというのでしょうか。殿下の御父君、御母君が、私をして数学的諸学問を殿下に教授する務めに専心するにふさわしいと判断されたことが、崇高なる神を喜ばせたのでした。たしかに、近年四年にわたって、一年のうちいっそう厳しい勉学から休息することが慣わしとなっていた期間に、私はこの務めを果たしてきました。

この務めによって殿下に仕え、殿下の信じ難き慈悲深さと寛大さからの光線をいっそう近くで受け取るということが、神の御加護によって、まさしく私の身にもたらされたのです。ですから、もし私の魂が熱を帯びて、心のみならず、その血筋や生まれにおいても殿下の支配下にあるがゆえ、殿下の栄光を熱望し、どれほど殿下に感謝しているかをお伝えすることしか、ほとんど昼夜考えていないとしても、驚くべきことは何もないでしょう。このようなことから、庇護者であられるコジモ殿下、過去のいかなる天文学者にも知られていなかったこれらの星を発見しましたので、まったく正当なこととして、それらに殿下の神聖なる家名をつけようと私は決断したのです。私がそれらの星を最初に見つけたのであるなら、またそれらに名前を与え、メディチ星と呼ぶとしても、誰が私を非難する権利を持つというのでしょうか。この命名によって、他の星が他の英雄たちにもたらしたのと同じだけの栄誉がそれらの星に与えられんことを望んでおります。といいますのも、殿下の輝かしい祖先の方々

——その永遠なる栄誉は、あらゆる歴史の記念碑が証言しております——については触れずとも、偉大なる英雄である殿下、殿下の徳こそが、それらの星に名前の不滅性を授けることができることでしょう。たしかに、いかに殿下が幸多き前兆によって呼び起こされたか、そしてその殿下による統治への絶大なる期待に応えてこれを護るだけでなく、はるかに凌いでいかれますことを、どうして疑いうるでしょうか。殿下が他の並び立つ者たちを打ち負かした暁《あかつき》には、それでもなお自らを研鑽して、御自身とその偉大さを日々いっそう大きくされていかれるでしょう。

それゆえに、御寛容なる殿下、あなた様のために星たちによって取り置かれてきた、この御家に与えられるべき栄誉をお受け取りください。そして、星々のみならず、星々の創造者にして統治者である神によって殿下に委ねられた神々しき恵みを、できる限りの長きにわたってご享受されんことを願っております。

一六一〇年三月一二日、パドヴァにて

忠実なる僕《しもべ》たる

ガリレオ・ガリレイ

殿下閣下へ

訳注

＊1　コジモ・デ・メディチ二世（Cosimo II de' Medici）（一五九〇―一六二一年）は、初代トスカナ大公コジモ一世（Cosimo I）の孫。彼の父だった三代大公フェルディナンド一世（Ferdinando I）の死によって、一六〇九年に大公の座に就いた。

＊2　ローマの詩人セクストゥス・プロペルティウスの『哀歌』の一節（三・二・一九）を指している。

＊3　ギリシア神話における、芸術や学芸をつかさどる九人の女神のこと。

＊4　ユリウス・カエサルの後継者だった、初代ローマ皇帝アウグストゥス。

＊5　彗星は、ギリシア語では"kometes"、ラテン語では"crinitus"と呼ばれるが、どちらも「髪の毛のような」という意味である。

＊6　黄道と子午線の交点（占星術の用語）。

＊7　黄道と東の地平線の交点（占星術の用語。「昇交点」のこと）。

天文学的報告

新しい覗き眼鏡のおかげにより最近なされた、
月の表面や天の川、雲のような星々、無数の恒星、
さらにメディチ星[*1]と名づけられ、これまでは見られることもなかった
四つの惑星に関する観察が含まれ、説明される。

この小さな論考においては、自然に関するすべての探究者によって検討され、考察されるべき、紛れもなく重大なことを提示しよう。重大だと言うのは、一つにはそのこと自体の素晴らしさからであり、また時代を通じて耳にされたこともないその新奇さからであり、さらには、そのことを我々の感覚に示す器械によってである。

今日までに生来の能力によって見ることができた数多くの恒星に、以前にはまったく見られなかった他の無数の星を付け加え、はっきりと眼に示すことは明らかに重大なことである。それらの星は、古くから知られていた星を数の上で一〇倍以上超えているのである。

我々からは地球の半径[*2]の六〇倍ほど離れている月の本体が、この地球の半径の二倍しか離れていないかのように近くに眺められるというのはとても素晴らしく、視覚的にも心地良い

ものである。したがって、この月の直径は、ただ肉眼で見たときのちょうど三〇倍、一方、面積は九〇〇倍、さらに体積はおよそ二万七〇〇〇倍ほど大きく見えるだろう。これにより、感覚的経験の確からしさから、誰もが以下のことを次いで理解することになるだろう。すなわち、月はけっして滑らかで磨かれたような表面で覆われているのではなく、起伏があって平坦でない表面で覆われており、それはちょうど地球の表面のように、大きな隆起や深い窪《くぼ》み、そして凹凸で至る所が満ちているのである。

さらに、銀河すなわち天の川についての論争に終止符が打たれ、その本質が、知性はもちろん感覚的にも明らかになったということが重要なものとして理解されるだろう。それに加えて、これまで天文学者の誰もが雲のようなものと呼んできた星々の本質が、それまで考えられてきたものとは大きく異なることをはっきりと示すのは、心地良く素晴らしいことでもあるだろう。

あらゆる驚嘆をはるかに凌駕しており、すべての天文学者や哲学者に注意を向けさせることへと、何にもまして我々を駆り立てるのは、我々以前には誰にも知られておらず、観察されてこなかった四つのさまよう星[*3]を発見したことである。それらの星は、太陽の周りを巡る金星や水星のように、既知の多くの星の中でも突出したある星[*4]の周りを各々の周期で巡っており、あるときはこの星の先を進み、あるときは後を追うが、ある限界を超えてそれから離れることはない。これらすべてのことは、［この発見に］先だって神の恩寵に照らされ、私が考案した覗き眼鏡によって、数日前に発見され、観測されたのである。

おそらくは他にも重要なことが、これからも私や他の人たちによって、同様の器械の助けを借りて見いだされるだろう。ここでは最初にこの器械の形状と機構、そしてそれを思いつくに至った契機について簡単に述べ、次いで私が行った観察の経緯を説明しよう。

訳注

＊1　原文では「コジモ星（COSMICA SYDERA）」となっているが、「メディチ（MEDICEA）」と書かれた紙片が貼りつけられたものが少部数現存しており、「メディチ星」が正しい。「メディチ星」とは木星の衛星のことである。また「四つの惑星」とはガリレオが発見した四つの木星の衛星（ガリレオ衛星）を指している。ガリレオは、二月中旬にトスカナ大公の第一書記だったヴィンタに手紙で木星の衛星の命名について相談しており、それまでは「コジモ星」と考えていた。ヴィンタの進言に従って「メディチ星」に変えたが、本文の最初の部分はすでに活字が組まれていて間に合わなかったと考えられる。

＊2　原文では「直径（diameter）」となっているが、正しくは「半径（semidiameter）」である。ガリレオ自身のものと考えられている訂正の書き込みがなされたものが少部数現存している。

＊3　「さまよう星」とは惑星のことを意味するが、ここでは木星の衛星を指している。

＊4　木星を指している。

第一章 覗き眼鏡［望遠鏡］

一〇ヵ月ほど前、あるオランダ人によって覗き眼鏡が考案された、という噂が我々の耳に届いた。それによれば、見えうる対象が覗く者の眼から非常に遠くにあるにもかかわらず、あたかも近くにあるかのようにはっきりと見分けられたのである。この実に驚嘆すべき効果を体験する機会が少なからず広まったが、その覗き眼鏡の効果に対しては、それを信じる人たちも否定する人たちもいた。同じことが、数日後にフランスの貴族ジャック・バドヴェール*1のパリからの手紙によっても確認された。このことから、私はその理屈を探し求め、また同様の器械を考案するための方法を見いだすことにすっかり専念し、少し後で屈折の理論に基づいてそれを成し遂げたのである。*2まず鉛《なまり》の筒を用意し、その両端に二枚のガラスのレンズを塡《は》めた。両方とも片側は平面であるが、もう片面は、一方は凸状の球面、他方は凹状の球面である。ついで眼を凹レンズに近づけると、対象が十分に大きくかつ十分近くに見えたのだった。たしかに肉眼だけで見たときよりも三倍も近くに、また九倍も大きく見えた。*3すぐに私は、さらに精密なものをもう一つ製作したが、それは対象を六〇倍以上も大きく見せた。*4労苦も費用もまったく惜しまず、ついには非常に優れた器械を製作することができた。

この器械によれば、物体は自然の能力だけで見たときよりもほぼ一〇〇〇倍大きく見え、三〇倍以上も近くに見えるのだった。地上においても海上においても、この道具の利点がどれほど多く、またどれほど大きいか、それを列挙することはまったく必要もないだろう。

　しかし、私は地上のものを離れ、天上のものを見ることに専念した。最初に月を見たが、あたかも地球の半径の二倍しか離れていないかのように近くに見えた。そのあとで、動かないものであれ、さまようものであれ、[*5]星々を何度も観測し、それらに信じられないほどの喜びを覚えたのである。そして、これらの星がきわめて多いことがわかったので、それらの間隔を測定しうる方法について考え始め、ついにはそれを見つけたのだった。このことに関しては、この種の観測を行おうとする人たちに次のような忠告をするのがよいだろう。第一に、非常に精密な覗き眼鏡を用意することが、紛れもなく不可欠である。そのような覗き眼鏡は、明るく明瞭に、また何らの曇りによって覆われることもなく対象を表し、そして少なくとも四〇〇倍は拡大し、つまり対象を二〇倍も近くに示す。たしかに、このような道具がなかったなら、我々が天において見つけたことや以下で説明することのすべてを見いだそうと試みても虚しいことで終わるだろう。だが、誰であろうと、その道具の倍率をわずかな労苦だけで決定するためには、紙の上に二つの円あるいは正方形を描き、その一方を他方の四〇〇倍だけ大きくすればよい。すなわち、そうなるのは、大きい方の直径が他方の直径に対して長さで二〇倍であるときである。ついで両方の紙を同じ壁に貼りつけ、同時に遠くから

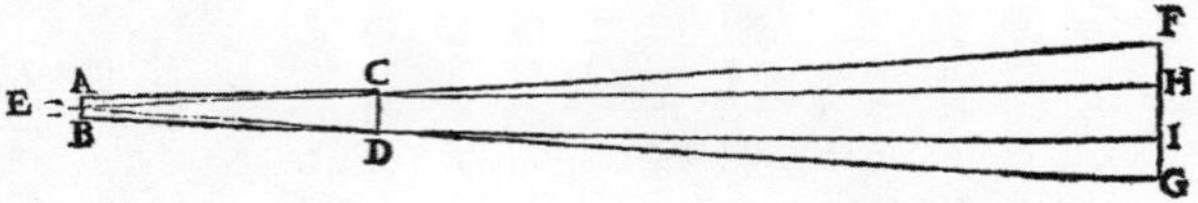

見ることにする。小さい図形は覗き眼鏡を用いて片方の眼で見、一方、大きい図形はもう一方の肉眼で見るようにしよう。たしかに、これは両眼を同時に十分に開くことによって容易にできるはずである。このとき、もしその器械が望みの比率で対象を拡大するなら、二つの図形はたしかに同じ大きさに見えるだろう[*6]。

同様の道具を用意することによって、測るべき距離の比率が求められる。それは以下のような手続きでなされる。すなわち、わかりやすいように、筒をＡＢＣＤ、覗く人の眼をＥとする。筒の中にレンズがないときには、光線は対象ＦＧまで、直線ＥＣＦとＥＤＧにそって進む。しかし、レンズを取りつけると、折線ＥＣＨ、ＥＤＩにそって進む。たしかに、光線は集まり、以前は自由に対象ＦＧに向かっていた光線は部分ＨＩだけを含むようになる。次に距離ＥＨと線分ＨＩの比を得ると、正弦表から、眼において対象ＨＩによって張られる角の大きさが求められる。それは数分しか含まないことがわかる。だが、薄い板を用意し、一方には大きな穴を空け、他方には小さな穴を空けて、必要に応じてどちらかをレンズＣＤに重ねて置くなら、数分ほどに対応する望みの角が作られる。それにより、互いに数分だけ離れた恒星の間隔を、1ないし2分の誤差を超えることなく適切に測ることができるだろう。

だが、これらのことについては、ちょうど初めての味わいを口にしたときのごとく、以上のように簡単に触れるだけで今は十分なのである。この器械の完全な理論を公にするのは他の機会に譲ることにしよう。[*7] ここでは、真の哲学を愛するすべての人を紛れもなく重要な思索の入口へ導くために、過去約二ヵ月間に我々が行った観察について説明することにする。

訳注

＊1　Jacque Badovere（一五七五頃―一六二〇年頃）。彼は一五九八年から九九年にかけてパドヴァ大学で学んだ際、ガリレオの家に滞在していた。

＊2　この「屈折の理論」がどのようなものであるかははっきりしない。詳しくは巻末「訳者解説」を参照のこと。

＊3　すなわち、倍率は三倍である。ガリレオは、通常の倍率の他に、面積や体積の比も述べている。

＊4　倍率としては約八倍となる。

＊5　恒星と惑星のこと。

＊6　この一節からわかるように、ガリレオは望遠鏡の倍率に関する理論を持たず、経験的に倍率を決定していた。望遠鏡の倍率は、対物レンズの焦点距離を接眼レンズの焦点距離で割ることによって求められるが、一七世紀にはまだこの公式は知られていなかった。

＊7　ガリレオは、望遠鏡の理論について著作を書くことはなかった。また、対物レンズの前に穴の空いた板を置くことでレンズの有効な口径を小さくしても、それによって視野が限られるわけではなく、ガリレオが述べているように星同士の間隔を測ることはできない。

第二章　月の表面

まず最初に、我々の視界の方に向けられた月の表面について述べよう。理解しやすいように、月の表面を二つの部分に、すなわち明るい部分と暗い部分に分けるとする。明るい部分は、半球全体を囲んで満たしているように見える。一方、暗い部分は、何か雲のようにその表面に散らばり、それをまだら状にしている。しかし、それらの斑点はいくぶん暗く、かなり大きくて、誰にも見分けやすいものなので、あらゆる時代の人たちがそれらに気づいていた。それゆえ、大きさの点でより小さな他の斑点と区別するために、これらを大きな斑点あるいは古い斑点と呼ぶことにする。[*1] 一方、この小さな斑点は夥《おびただ》しく散らばっており、月の表面全体を、とくに明るい部分を覆うほどである。しかしながら、それらの小さな斑点は我々以前には誰にも観察されてこなかった。さて、それらの斑点を幾度も繰り返し眺めることから、我々は次のように確信するにいたった。すなわち、月の表面は、多くの哲学者たちが月や他の天体について考えているような、磨かれたようでも、平坦でも、まったく正確な球形でもないと考え、たしかにそのことを確信している。反対に、不規則で、ごつごつしていて、窪《くぼ》みや隆起で満ちており、それは、ちょうどこの地球の表面自体が山の連なりや谷の

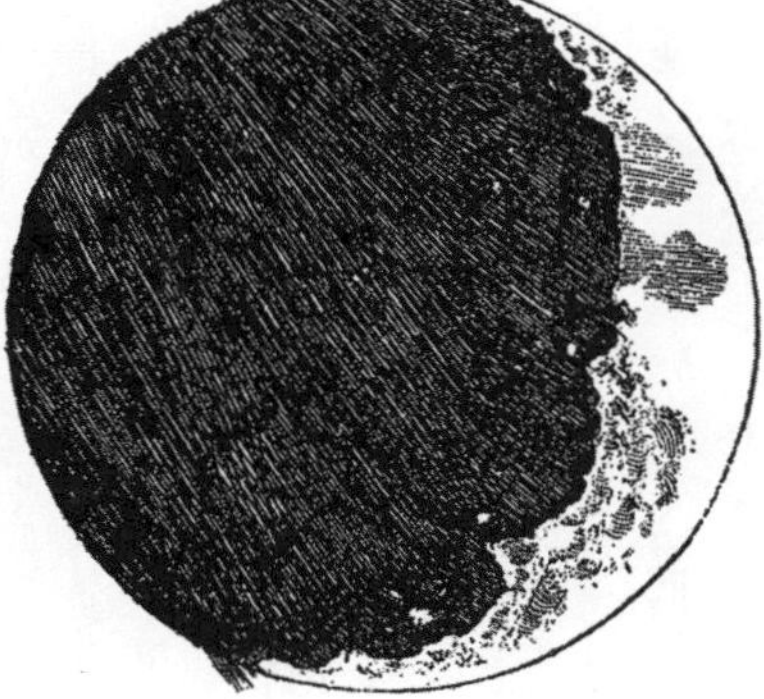

深みによって至る所で異なっているのと同様である。この考えを抱くことができたのは、次のような現象によってである。

　合[*2]［新月］から四日ないし五日後、月が輝く角の姿を我々に見せるとき、暗い部分を明るい部分から分かつ境界は、完全な球体であれば生じるような楕円にそってなめらかに延びてはおらず、上の図が示すように、不規則でぎざぎざしており、大いに波打った線を描いている。というのも、明るい突起のようなものが光と闇の境界を越えて暗い部分に広がっており、また反対に小さな暗い部分が明るい部分に入りこんでいるからである。たしかに、数多くの小さな黒い斑点が、暗い部分からはまったく切り離されており、少なくとも大きな古い斑点によって占められている部分だけを除けば、太陽の光に満ちた平らな表面のほぼすべてにわたって至る所に散らばっている。さらに、今述べた小さな斑点はすべて、次の点でつねに一致していることに気づいた。すなわち、太陽のある場所に向かっては黒ずんだ部分を持つが、一方、太陽と反対の側では、ちょうど光り輝く連なりのような明るい境界によって取り囲まれているのである。だが、それとまったく似た光景が、地上において太陽が昇る際に起こっている。谷が光によって満たされておらず、一方、それらを囲む、太陽と反対側の山がすでに光り輝いているのが見られるときのことである。ちょうど地上の窪みの影が、太陽が高く昇るときに減っていくように、月の斑点も、明るい部分が増大するにつれて暗さを失うのである。

さて、月における明暗の境界が不規則で波打っているのが認められるだけでなく、また大きな驚きをもたらすことであるが、非常に多くの明るい点が月の暗い部分の中に現れている。それらの点は、照らされた領域からは完全に分かれて離れており、少なからざる距離だけその領域から隔たっているが、時間を経るにつれて次第に大きさと明るさを増していく。そして、二時間ないし三時間後には、この点は、今では広くなった残りの明るい部分と繋がってしまうのである。だが、その間に、暗い部分の中であたかも芽を吹くかのように、別の点が至る所で成長し、増大して、ついには今ではさらに広くなった明るい表面と一つになる。同じ図が、この例を我々に示している。

さて、地上では太陽が昇る前の闇がまだ平地を満たしているとき、非常に高い山の頂きは太陽の光線によって照らされているのではないだろうか。少し時間が経つと、光は広がり、それらの山の中腹の広い部分が照らされるようになり、そしてついに太陽が昇ると、平地と丘陵の光る部分が繋がっていくのではないだろうか。しかし、以下で示すように、月における隆起と窪みの違いは、長さにおいても幅においても地表の起伏を凌駕しているように思われる。さらに、月が第一矩象[*3]［上弦］へ進んでいく際に私が観察した、注目に値することに触れないわけにはいかない。その様子は、先に掲載した同じ図に示されている。大きな暗い湾が、たしかに明るい部分に入り込んでいる。実際、私はその湾をかなり長い時間にわたって観察し、全体が暗いのを見ていたが、ついにほぼ二時間後には明るい頂点が窪みの中央の少し下に現れた。実際、この点はそれから次第に大きくなって三角形の形を示したが、明るい表面からは依然として完全に分かれて離れていた。今や、その周りには、他に三つの小さな点が輝き始めていた。月がちょうど西の方に沈むとき、その三角形は広く大きくなって他の明るい部分と繋がってしまい、そして大きな岬のように暗い湾に飛び出ていたが、今述べた三つの明るい頂点によってまだ囲まれていた。同じ図において描かれていることからわかるように、角の上端と下端にもいくつかの輝く点が現れ、それらも残りの光る部分とはまったく分かれていた。

そして、数多くの暗い斑点が両方の角にあったが、とくに下の角では多かった。それらの斑点は、明暗の境界に近いものほど大きくかつ暗いのに対し、それから遠いものほど暗さは弱まり、はっきりしなくなっていた。しかし、先にも述べたように、それらの斑点では、黒

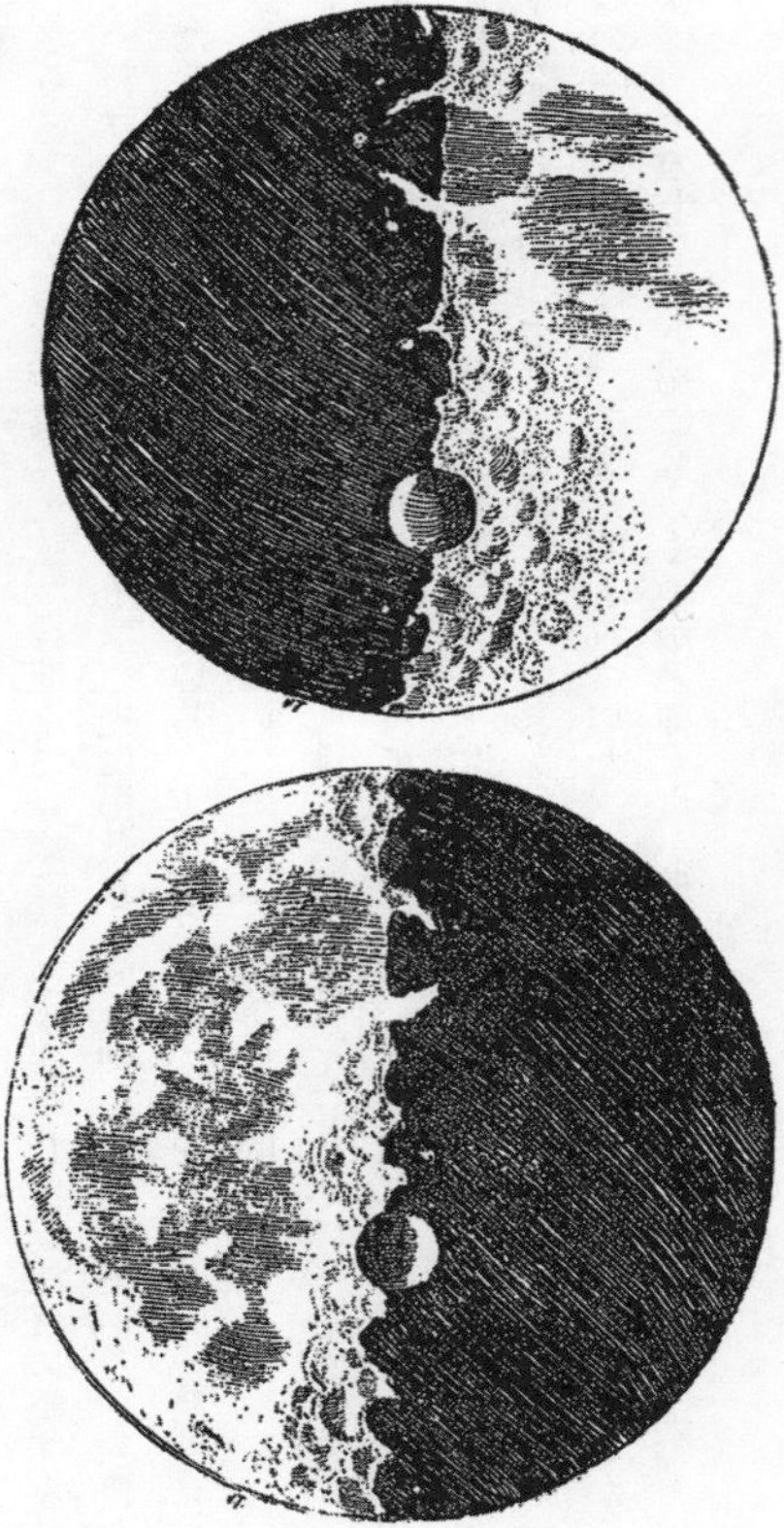

い部分がつねに太陽光線の照らす側に面しており、一方、光り輝く縁が、太陽とは反対側の月の暗い領域に面する部分で黒い斑点を取り囲んでいる。この月の表面はちょうどクジャクの尾が青い眼で彩られているように、斑点で彩られており、次のようなガラスの小さな容器に似ている。その容器は、まだ熱いまま冷たい水の中に沈められたために、表面がひび割れ、波立ったようになり、そこから一般に氷ガラス[*4]と呼ばれているものである。他方、月の大きな斑点の方は、同じようにひびが入ったり、窪みと突起に満ちているようにはまったく見えず、むしろ均一で一様であるように見える。たしかに、ただいくつかの明るい領域がそこここに点在しているのみである。

それゆえ、もし誰かが、月はもう一つの地球のようなものである、という古代のピュタゴラス主義者たちの説を復活させたいのなら、その明るい部分は地表を表し、一方、暗い部分は水面を表す、というのがより的確だろう。また遠くから眺めるとすれば、地球は太陽光線に満ちており、地表は明るく、一方、水面は暗く見えるということを私はけっして疑ったことがなかった。さらに月では、大きな斑点は明るい領域よりも低くなっているように思われる。事実、月が満ちるときも欠けるときも、明暗の境界ではいつも、描いた図のように、それらの大きな斑点の周りの至る所で明るい部分の縁が突き出てくるように観察された。今述べた大きな斑点の端は、窪んでいないだけでなく一様であり、割れ目やでこぼこによって途切れてもいない。さて、明るい部分が、とりわけこの斑点のそばに現れる。ちょうど第一矩象［上弦］の前や、たいていは第二矩象［下弦］において、月の上方、すなわち北の領域を占めている、ある種の斑点の周りでは、その上でも下でも巨大な隆起がはっきりそびえ立っている。それは、先の図が示しているとおりである。

この同じ斑点は、第二矩象［下弦］の前には、より黒い境界によって囲まれているのが認められる。その境界は、非常に高い山々の尾根のように、太陽と反対の側では暗く見えるが、一方、太陽に向かう側では明るいことがわかる。それとは反対のことが窪みで起こっている。すなわち、太陽と反対の部分が輝いているのに対して、太陽の側に位置する部分は暗く影になっているのが見える。次いで輝く表面が減少し、先に述べた斑点全体がほとんど闇で覆われたとき、山々の明るい尾根が闇の中から際だって突出している。これら二つの現象は次の図によって示されている。

さらにどうしても忘れてはならないことがある。それは、眼にしたとき、まったく驚嘆せずにはいられなかったものである。月のほぼ中央の場所が、ほかの窪みすべてよりも大きな窪みによって占められており、それは完璧に円い形だったのである。この窪みを両方の矩象［上弦と下弦］の頃に観察し、先に載せた第二の図において、できる限り再現した。その窪みは、暗いところと輝いているところに関しては、地上でボヘミアのような地域が、完全に円状の縁に並んだ非常に高い山々によって至る所で取り囲まれているときと同じ姿を呈している。[*5] すなわち、月では高い頂きによって仕切られて囲まれているので、光と闇の境界がそ

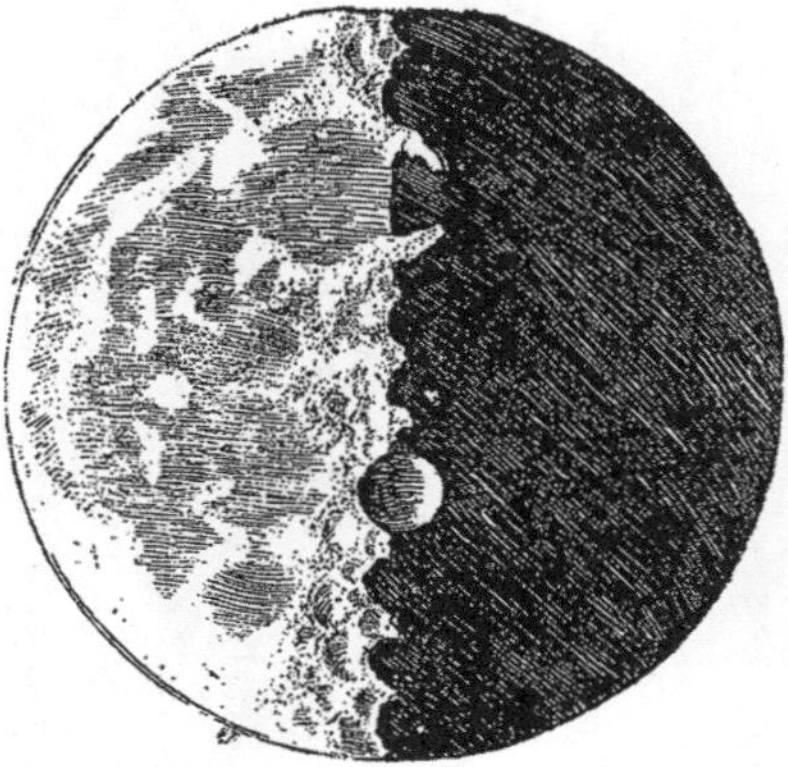

の窪みの中央の直径に到達する前には、月の暗い部分に境を接しているいちばん外の縁が太陽の光に満ちているのが見える。しかし、残りの斑点と同様に、その陰の部分は太陽の側にあるが、一方、光っている部分は月の闇の方にある。

以上のことは、月の明るい領域全体にでこぼこや起伏が散らばっていることのまったく揺るぎない論拠としてみなすべきであると、三度目になるがあえて注意を促そう。たしかに、それらの斑点の中では、光と闇の境界に接している斑点はつねにより黒いのである。他方、遠いものはより小さく、またあまり暗くないように見える。よって、ついに月と太陽が反対側にあって表面全体が満ちたときには、まったく小さなわずかの相違によって、窪みの暗さが隆起の輝きと異なるようになる。

これまで説明してきたことは、月の明るい部分で観察されている。太陽がさまざまな場所から月を望むにしたがって、太陽光線からさまざまな仕方で照らされることによる形状の変化から、明るい部分では、窪みと隆起の違いを否応なく認めることになる。しかし、大きな斑点では、こうした窪みと隆起の違いが見られない。一方、図に示したように、大きな斑点では、たしかにわずかにさらに暗く小さな領域がいくつか存在している。しかし、それらの領域はいつも同じ姿をしており、その暗さは強まりも弱まりもしない。太陽光線がそれらに斜めに射すかそうでないかによって、ごく小さな違いではあるが、わずかに暗く見えたり明るく見えたりするのである。それらはさらに、何かぼんやりとした帯でもって斑点の隣り合った部分とつながり、境界は混ざり合って一つになっている。他方、月の輝く側の表面を占めている斑点では異なることが起こっている。たしかに、それらの斑点は、角ばった粗い岩で覆われた険しい岩壁のように、影と光の鋭い対比によって明瞭に区切られている。さらに、大きな斑点の内側には、もう一つ異なる種類の明るい小さな領域が見られ、実際いくつかはとても光り輝いている。だが、これらの姿も、暗い部分と同様に、いつも同じであり、形状や、光と影の変化がない。さらに、それらの斑点は諸部分の本当の違いから生じるのであって、多様な仕方で影を動かす太陽光のさまざまな照射による、それらの部分の形の違いから生じるのではないことは疑いなく確かなのである。だが、そのような太陽光の照射による形の変化は、月の明るい部分を占めている、もう一方の小さな斑点に関してはまさに起こっている。たしかに、それらの小さな斑点は、日々変化し、増加し、減少し、消滅する。というのも、それらは隆起の影だけから生じているからである。

だが、ここで多くの人が大きな疑いを覚えて重大な困難に捕えられ、そのような人はすでに説明された多くの現象によって確証された結論に疑いを抱かざるを得ないだろう、と私は考える。たしかに、もし月の表面の、太陽の光線を反射して輝いている部分が起伏、すなわち無数の隆起や窪みに満ちているならば、月が満ちていくときには西に向かう円状の外縁が、他方、月が欠けていくときにはもう一方の東側の半円が、また満月では全円周が不規則で、でこぼこしていて波打っているわけではなく、コンパスで描かれたかのように正確に円状になっていて、隆起や窪みによる切り込みが何も入っていないのが見られるのは、どうしてだろう。そして、とりわけその外縁全体が、隆起と窪みに富んでいると述べた月の非常に明るい実体からなっているのだから、なおさらそうなのである。たしかに、大きな斑点はどれとして縁の端までは広がっておらず、すべてのものが周縁から離れたところに集まっているのが見られる。

このように重大な疑問を引き起こすこの現象について、二つの理由を、したがってこの疑問に対する二つの解答を提示しよう。第一の理由は以下のとおりである。もし隆起や窪みが、月の本体において、我々に見える半球を限っている一つの周囲にそって広がっているとすれば、たしかに月は、あたかも歯車のような姿で、すなわち、でこぼこして波打った縁で限られているのを我々に示しうるだろう。だが、もしただ一つの円周にそって置かれた隆起の列だけではなく、山の非常に多くの連なりが、その窪みや起伏とともに月の外縁の近くにあって、また眼に見えている半球だけでなく、反対側の半球にも（しかしながら両半球の境界の近くに）あるなら、遠方から見ている眼には、隆起と窪みの違いはまったく見分けられないはずである。たしかに、同じ円、すなわち同じ列の上に置かれた山々の間の隙間は、諸々の連なりに重ねて並んだ他の隆起に妨げられて隠れてしまうだろう。とりわけ見ている人の眼が上述の隆起の頂点と同一の直線上にある場合にはそうである。地上においても、観察者が遠くで同じ高さの場所にいるなら、連なっている多くの山々がひしめきあって、平らな地表面にそってある場合には同じように見えるだろう。したがって、荒れた海の波の高い頂点も同じ平面上に広がっているように見られる。しかしながら、波の間にはおびただしい数の淵や窪みがあり、それらは非常に深く、大きな船の船体のみならず、甲板やマスト、帆も間に隠されるほどである。それゆえ、月においても、その周縁の近くでは隆起と窪みが何重にも連なっており、遠くから見ている眼はそれらの頂きとほぼ同じ平面上にあるので、頂きをかすめる視線には、頂きが、均等で少しも曲がっていない線にそって現れるということも、誰にとっても驚くようなことではないはずである。

この理由に、もう一つの理由を付け加えることができる。それは、月の本体の周りに、地球の周りのように、エーテル[*6]の他の部分よりもいっそう濃密な物質からなる球があるということである。その球は、太陽光線を吸収し反射することができるが、しかし（とりわけ輝いていないときには）視線が通過するのを妨げるほどの不透明さを持ってはいない。その球は、太陽光線によって輝くことで、月本体をいっそう大きな球の姿にし、そのように見せるのである。その厚みが大きければ、我々の視線が月の固い本体に達するのを妨げることができるだろう。たしかに、月の周縁近くでは、いっそう厚いのである。厚いというのは、絶対的にそうなのではなく、その球に斜めに交わる我々の視線に関してのことである。また、それゆえ、その球は我々の視線を遮《さえぎ》り、とりわけ明るくなっているときには、太陽に面している月の周囲を覆い隠すことができる。以上のことは、次の図において明瞭に理解できる。

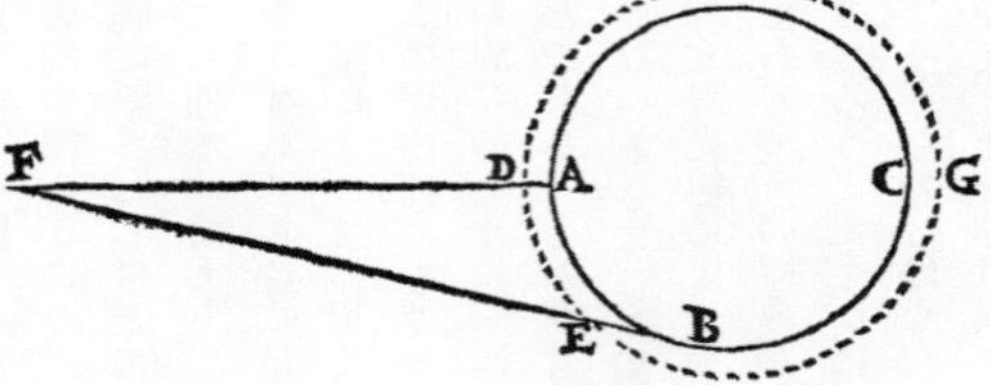

この図では、月の本体ＡＢＣは蒸気の球ＤＥＧによって囲まれており、一方、視線[*7]はＦから、月の中央部分、たとえばＡへ、あまり深くない蒸気ＤＡを通って到達する。しかし、いちばん外の縁の近くでは、より厚い蒸気の塊ＥＢによって、我々の視線がその境界で遮られる。その証拠は、月の光に満ちた部分が球の残りの暗い部分よりも大きな周囲を持つように見えることである。そして、この同じことが、おそらく、月の大きな斑点がそのいちばん外の縁近くでもいくらか見いだされてよいはずなのに、その近くまで広がるのがまったく見られないことの理にかなった理由とみなされるだろう。しかし、斑点が見えないのは、深くて明るい蒸気の塊の下に隠されているためだと考えるべきだと思われる。

このことより、月の明るい表面においては至る所で隆起と窪みが散らばっていることは、すでに説明した現象から十分に明らかであるとみなされよう。残されているのは、それらの大きさについて述べることである。地上の起伏は月における起伏よりもはるかに小さいことを証明しよう。小さいというのは、絶対的にもそうなのであって、地球と月の球の大きさの比に対してだけのこと

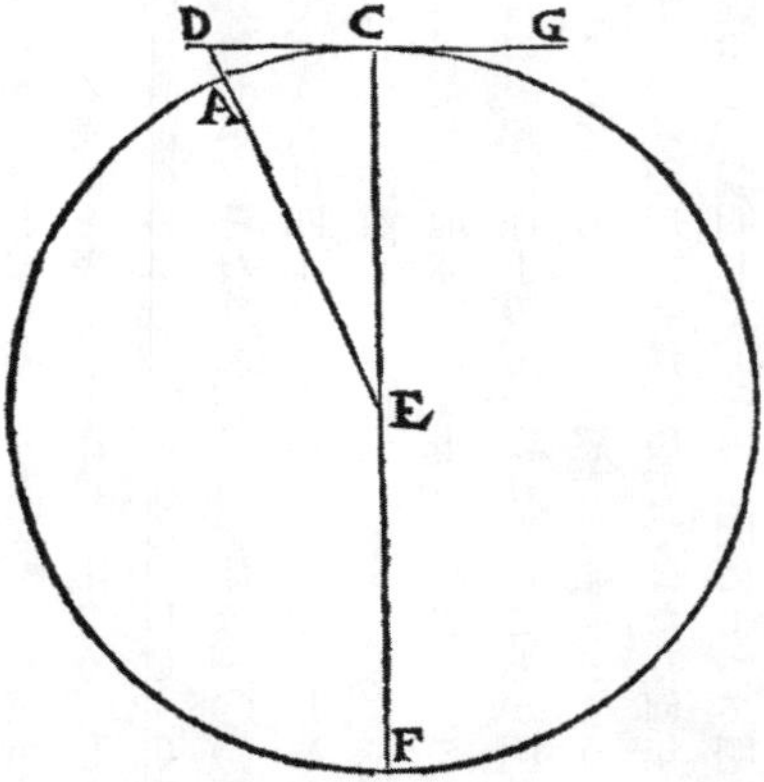

ではない。そのことは、以下のようにして明瞭に示される。

太陽に対する月のさまざまな位置において、月で影となっている部分の中では、光の境界から十分に離れているにもかかわらず、光に満ちた頂点が少なからず現れるのを、私はしばしば観察した。そのとき、それらの頂点から境界までの距離を月の直径全体と比較すると、その間隔が直径の二〇分の一をしばしば超えていることを知った。このこと「頂点から境界までの距離が月の直径の二〇分の一であること」を仮定して、月の球を考えることにしよう。その大円をＣＡＦ、中心をＥ、直径をＣＦとする。その直径は、地球の直径に対して二対七に等しい。ここで地球の直径は、正確な観測によれば七〇〇〇ミーリオ[*8]であるから、ＣＦは二〇〇〇となる。一方、ＣＥは一〇〇〇となる。すると、Ｃ

F全体の二〇分の一は一〇〇ミーリオである。さて、大円の直径CFを、月の光り輝く部分を暗い部分から分ける円の直径とする（というのも、太陽が月から非常に遠いため、この円は大円からほとんど離れていないからである）。そして、その二〇分の一の部分だけ、Aは点Cから離れている。そして、半径EAを描き、それを延長すると、接線GCD（これは照射する光線を表す）と点Dで出会う。したがって、CEは一〇〇〇であるので、弧CAあるいは直線CDは一〇〇となる。DC、CEの平方の和は一〇一万であり、これとDEの平方が等しい。それゆえ、ED全体は一〇〇四より大きくなる。[*9] また、CEが一〇〇〇だったので、ADは四より大きい。よって、月においては、高さADは、太陽光線GCDに達し、端点Cから距離CDだけ遠いようなある頂点を指しており、その頂点は四ミーリオよりも高い。だが、地球では、垂直の高さが一ミーリオに達するような山は存在しない。それゆえ、月の隆起は地上のものより高いことが明らかになる。

ここで、もう一つ、感嘆に値するような月の現象に関して、その原因を与えることができよう。その現象とは、最近ではなく何年も前に我々が観察し、何人かの親しい友人や学生に提示し、説明して、その原因によって明らかにしたものである。しかし、その観察は覗き眼鏡のおかげでいっそう容易で明確なものになったので、この場所で取り上げることも場違いではないと考えた。そのことによって、月と地球の間の対応性と類似性がいっそう明らかになるので、とりわけそう考えられるのである。

月は、合［新月］の前後で太陽から遠くないところにあるときには、その球の、明るく輝く角によって飾られた部分で我々に姿を見せるのみならず、かすかに輝く細い周縁が、暗い部分、つまり太陽とは反対側の部分の輪郭を描き、エーテル自体の暗い領域からその月の部分を分けているのが見られる。しかし、もしいっそう正確に観察して事態を考察するなら、暗い部分の最も外側の輪郭がわずかな明るさで光っているだけでなく、月の表面全体が、つまり太陽の輝きを受けていない表面も、ある種の少なからざる光によって白くなっているのを見ることができるだろう。[*10] しかしながら、一見すると、輝く細い周囲だけが、それに隣り合った天の暗い部分のそばに現れるのである。一方、残りの表面は、反対に光り輝く角が我々の視覚を鈍らせるために暗く見える。だが、もし屋根や煙突、あるいは眼と月の間にある（しかし眼からは遠くにある）何か他の障害物によって輝く角自体は隠されているが、月の球の残りの部分は、我々に見えるままであるような場所を誰かが自分で選ぶなら、太陽の光を欠いているにもかかわらず、この月の領域も少なからざる光によって輝くのが見いだされるだろう。これはとりわけ、太陽がないために夜の闇がすでに増していたときにそうであった。たしかに、より暗い領域では同じ光もいっそう明るく見えるからである。加えて確かめられていることであるが、月のこの二次的な（こう私は呼ぶのだが）明るさは、月が太陽から離れていないときほど大きいのである。たしかに、太陽から遠く離れることによって明るさはいっそう弱くなり、したがって第一矩象の後で第二矩象の前では［上弦と下弦の間では」暗い天の中で見られるために、弱くて、まったくぼんやりしていることが見いだされるのである。だが、六分位[*11]［六〇度］あるいはそれ以下しか離れていないときには、薄明の中でも素晴らしく輝いている。どれほど輝いているかといえば、精密な覗き眼鏡によれば月にある大きな斑点を区別できるほどである。

この不思議な輝きは学者たちにただならぬ驚きをもたらしたが、その原因として申し立てるため、さまざまな人がさまざまなことを提案してきた。実際、ある人は、それは月自体の固有で自然な輝きであると述べ、ある人は金星から月にもたらされたと、ある人はすべての星辰から、ある人は、その光線によって月の本体の深くまで侵入している太陽からのものであると述べていた。しかし、そのような主張はわずかな労で反駁され、誤りであることが明らかにされる。たしかに、もしそのような光が固有のものであったり、星々からもたらされたものならば、蝕においては、非常に暗い天にあるので、月は最も光を保持し、示すだろう。だが、以上のことは経験に反している。というのは、蝕のときに月に現れる輝きははるかに小さく、赤みを帯びており、銅色のようであるのに対して、この輝きはもっと明るく白いからである。くわえて蝕のときの輝きは変化し、場所が動く。実際、その輝きは月の表面をさまよっており、地球の影の円形の縁に近い部分は明るく、一方、残りの部分はいつも暗く見えるようになっている。このことより、まったく疑いのないこととして、その光は、月を環のように囲んでいる濃密な領域に触れる太陽光線が近くにあることから生じると考えられる。その接触のために、ちょうど地上で朝や夕に薄明の光が広がるように、ある種の曙光が月の近くの領域にあふれ出る。このことに関しては、世界体系についての著作で、さらに詳細に扱うだろう。[*12]

一方、このような光は金星から伝えられる、という主張は子供じみており、返答するに値しないほどである。なぜなら、合［新月］の近くや六分位［六〇度］内では、月の、太陽と反対側の部分は、金星からは見ることがまったく不可能であることを理解しないほど無知な人がいるだろうか。だが、この光が太陽によるというのも同様に認めることはできない。太陽は、その光でもって月の本体深くまで入り込んでいるのであるが。たしかに、月蝕のときを除いて、月の半球はつねに太陽に照らされているのだから、太陽の光はけっして減少することはない。しかし、ここでの輝きは、月が矩象［上弦］へ進むときには減少し、矩象［上弦］を越えたときには、まったく弱くなるのである。それゆえ、このような二次的な輝きは月本来のものでも固有のものでもなく、また何かの星や太陽から借りられたものでもない。そして広大な世界において地球以外には他に何も天体は残っていないのだから、どう考えるべきか、どう言うべきかと問うことにしよう。月の本体自体や何か他の影になった暗いものは、地球からの光に浸っているのだろうか。何と驚くべきことだろうか。まさしくそうなのである。地球は、感謝に満ちた公正な交換によって、月から夜の深い闇の中でいつも受け取るのとほぼ同じだけの照射を月自体に返している。

事態をもっと明瞭に示そう。月は、合［新月］においては太陽と地球の間の場所を占めるので、地球と反対側の上半球［地球から遠い方の半球］が太陽光線によって満たされている。一方、地球に面している下半球は闇によって覆われている。したがって、月は地表を照らすことはまったくない。月が次第に太陽から離れていくと、すぐに我々に面している下半球のある部分が照らされ、細いけれども白い角を我々に向けて、地球をわずかに照らすのである。矩象［上弦］に近づくと、月では今や太陽の照射が増大し、地球では太陽の光の月からの反射が増加する。ここまでで月における輝きは半円を越えて広がり、我々の夜がさらに明るく輝くのである。最後に、地球に面している月の表面全体が、反対側にある太陽からの非常に明るい輝きによって照らされる。そして、地表は縦横広きにわたり月の輝きに満たされて輝く。その後、月が欠けていくと、我々に発する光線が弱まっていき、地球は弱く照らされるようになる。月が合へ進むと、暗い夜が地球を覆う。

それゆえ、このような周期で、月の輝きは交互に、あるときは明るく、またあるときは弱く、毎月の照射を我々に提供する。しかし、その恩恵は地球によって等しく釣り合うように返される。というのは、月が合の近くで太陽の下にあるときには、太陽にさらされ、強力な光線によって照らされた地球の半球表面全体に月は面しており、月は地表から反射された光を受け取るからである。また、それゆえ、この反射によって、月の下半球は、太陽の光を欠いているにもかかわらず、かなり光っているように見える。その同じ月が矩象［九〇度］だけ太陽から離れたときには、地球半球の照らされている半分、すなわち西半球だけしか月からは見えない。というのは、もう一方の東半分は夜で暗くなっているからである。それゆえ、月自体は地球からはあまり輝くように照らされておらず、したがってその二次光は我々には弱く見える。だが、もし月を太陽と反対の場所に置くとするなら、月は、間にある地球のまったく黒ずんだ、暗い夜で満たされた半球を見ることになる。したがって、もしこのような反対の位置が蝕[*13]であるなら、月は太陽とともに地球の光線を失うので、いかなる照射もまったく受け取らないだろう。地球と太陽に対してさまざまな位置にあるとき、月は地球の照射された半球の大小の部分に面するのに応じて、地球での反射から大小の光を受け取る。というのは、これら二つの球体の間では、次のような状態が保持されているからである。すなわち、地球が月によって最もよく照らされるとき、同時に月がその反対に地球によって最も少なく照らされ、逆もまた然りである。そして、このことに関しては、この場所で述べたわずかのことで十分だろう。というのは、わが世界体系において詳しく述べられるはずだからである。[*14]そこでは、とりわけ地球が運動と光を欠いていることから、地球は星々の踊りの輪から締め出されている、と主張する人々に対して、太陽光の地球による非常に強い反射が多岐にわたる推論と経験によって示される。たしかに、地球はさまよい、輝きにおいて月に勝《まさ》っているのであり、世界のごみ溜めやおり溜めではないことを証明し、そしてそのことを自然から得た数多くの根拠によっても確証しよう。

訳注

＊1 「大きな斑点」は現代では海と呼ばれる部分を指し、「小さな斑点」はクレーターを指している。
＊2 地球に対して、月と太陽の位置が重なる位置にあること。
＊3 「矩象」とは、月と太陽が九〇度の位置関係にあることを指す。上弦と下弦のとき、月は矩象の位置にあると言われる。
＊4 ガラスの表面全体に小さなひび割れ状の模様が入ったものを指している。
＊5 ガリレオはボヘミア地方を訪れたことはなく、一五九五年に刊行されたプトレマイオスの『地理学』のイタリア語版に掲載されていた地図によっているものと考えられる。
＊6 伝統的な宇宙論では、宇宙は地上界と天上界に二分され、地上界が四元素（土・水・空気・火）から構成されるのに対し、天上界は第五元素、すなわち「エーテル」から構成されると考えられていた。
＊7 古代の視覚論には、二つの理論があった。一つは視覚対象の物体から光が眼にやって来るというものであり、もう一つは眼から視線が発せられ、対象物体によって反射されて戻ってくるというものである。ガリレオは後者の立場を取っていたと考えられる。
＊8 「マイル」に相当する、イタリアの距離の単位である（約一六五四メートル）。
＊9 正確には一〇〇四・九八七・・・なので、約一〇〇五とする方がよいと思われる。
＊10 この現象は、現代では「地球照」と呼ばれている。
＊11 「六分位（sextilis）」とは、二つの星が六〇度の位置にあることを意味する。三六〇度を六等分することに由来する。
＊12 『世界系対話』（一六三二年）を指している。
＊13 ここでは月蝕を指している。

＊14　『世界系対話』第一日で、月について長く論じられている（『天文対話』上、九九―一五六頁）。

第三章　恒　星

ここまでは月の本体に関してなされた観察について述べてきた。ここからは恒星について今までに我々が調べたことを簡潔に報告しよう。第一に注目に値するのは、星では、覗き眼鏡を用いて観察したときには、他の対象が拡大され、そして月自体もまた拡大されるのと同じ比率で拡大して見られることがまったくないということである。これは、固定されたもの［恒星］であろうと、さまようもの［惑星］であろうと、そうなのである。たしかに、星ではこのような増大が小さいことは明らかである。したがって、覗き眼鏡が他の対象をたとえば一〇〇倍拡大することができるとしても、星はわずかに四倍ないし五倍しか大きくならないと考えてよいだろう。ところで、この理由については次のとおりである。すなわち、星を道具によらずに自然の視力でもって見たときには、星はその純然たる大きさ、いわばありのままの大きさで自らの姿を示すのではなく、一種の輝きによって照らされ、きらめく光線というたてがみによって周りを飾られているのである。すでに夜が深いときには、とりわけそうである。このため、それらの添えられているたてがみが取り除かれたときよりも、星ははるかに大きく見えるのである。というのも、視角は、星の小さな第一の本体によってではなく、広く周りを囲んでいる輝きによって定められるからである。

このことは、次のことによってもきわめて明瞭に理解できる。星は、日没時、最初の黄昏の中で現れた際には、第一等級の大きさのものでも、ごく小さく見える。また、金星も正午頃に我々に姿を示すときには小さいことが認められ、ほとんど最下等級の小さな星[*1]に等しいように思われる。しかし、他の対象や月自体では違ったことが起きている。月は、真昼の光の中で見られようと、深い闇の中で見られようと、いつも同じ大きさで見えるのである。それゆえ、星は闇のただなかでは長いたてがみを持つように見られるが、しかし昼の光はそれらの髪を刈ってしまうことができる。だが、この昼の光だけでなく、星と観測者の眼の間にある薄い小さな雲でも同じことをなすことができ、また黒い覆いや色付きガラスでも同じことを引き起こす。それらが間に置かれて妨げとなることから、周りに広がる輝きが星から離れてしまうのである。これと同じことを覗き眼鏡も同様に引き起こす。というのも、覗き眼鏡がまず付帯的な見かけ上の輝きを星から取り去り、ついで（もし球形であったなら）それらの単なる小球を拡大し、小さな倍率ではあるが大きくするのが見られるからである。事実、五等ないし六等の小さな星は、覗き眼鏡によって見られると、一等であるかのように示される。

惑星と恒星の間の外見上の違いも言及するに値するように思われる。たしかに、惑星はまったく丸く、正確に描かれた球体を示すのであり、至る所で光に溢れた小さな月のように円形に見える。一方、恒星は、円状の輪郭によって限られているようにはけっして見えず、周囲に光線を発し、一段ときらめいている輝きのようである。最後に、恒星は、覗き眼鏡によっても肉眼で見たときと同じ形状をしているように見えるが、しかし大きくなり、五等ないし六等の大きさの小さな星が、犬星[*2]［シリウス］、すなわち全恒星の中でも最大のものに等しく見えるほどである。

だが、六等以下の大きさの星は、肉眼では捕えられないが、それ以外にもほとんど信じ難いほど数多くの星が覗き眼鏡によって見いだされるだろう。たしかに、さらにもう六等の大きさの違いだけの、多くの星を見ることができる。それらの中でも大きい星は七等の大きさあるいは眼に見えないものの中で一等の大きさと呼ぶことができるが、覗き眼鏡のおかげで、その星は、裸眼で見たときの二等の大きさの星よりも大きく明瞭に見えるのである。さて、それらの星の数がほとんど考えられえないほど夥《おびただ》しいことの証拠を一つか二つ見るために、二つの星群を記すのがよいと思われた。それらの例から、他についても判断を下すことができるだろう。最初にオリオン座全体を描こうと決めたが、星がきわめて多いのに対して時間が足りないことに屈して、この企ては他の機会まで延ばすことにした。古くから知られている星のそばでは、一度ないし二度の範囲に五〇〇以上の星がたしかに存在し、散らばっている。それゆえ、以前から認められていた帯のところの三つの星と剣のところの六つの星のそばに、最近見つけられた他の八〇の星を配置した。そして、それらの間隔をできる限

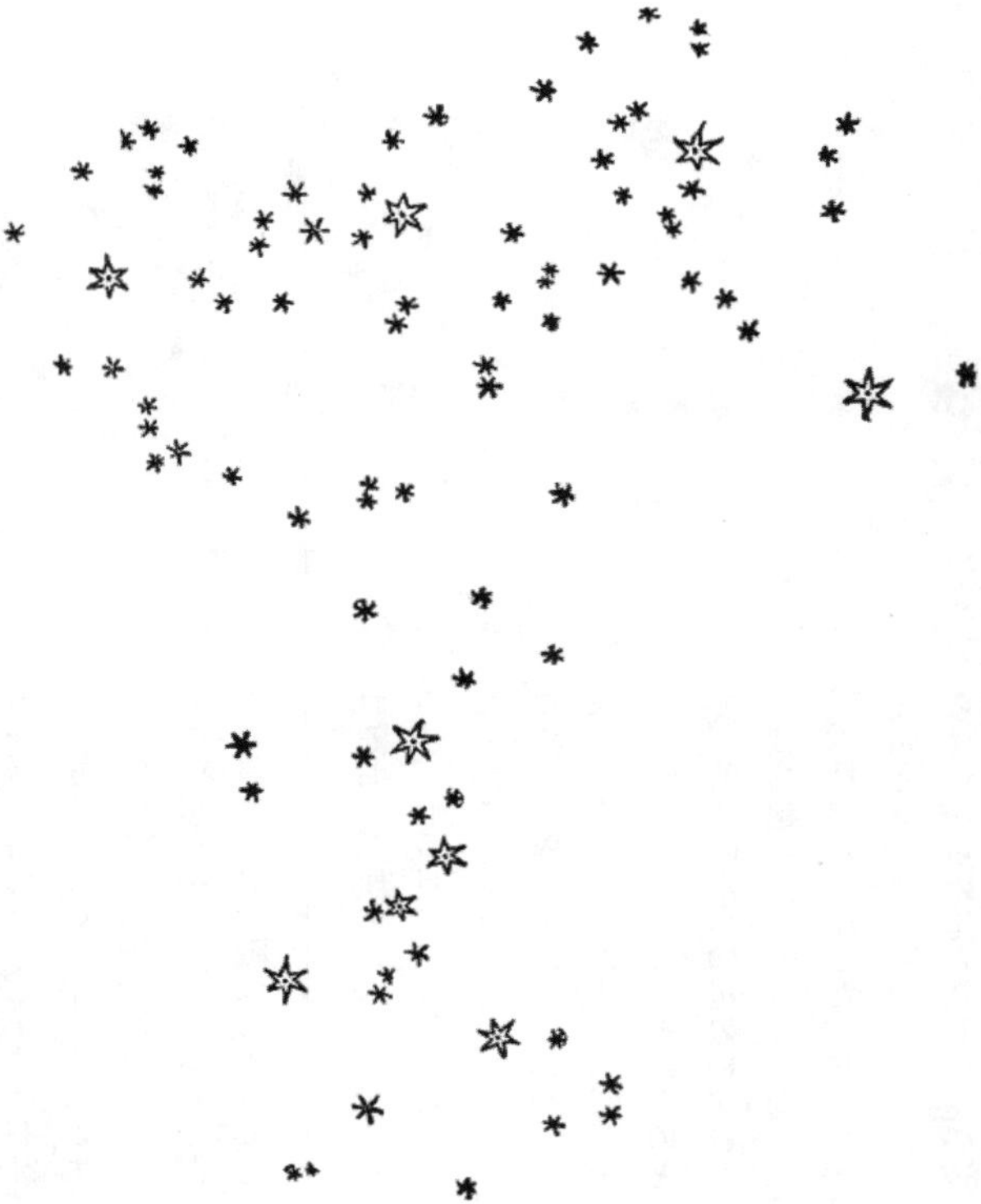

［オリオン座］

プレイアデスの星々

り正確に保つようにした。区別をするために、知られている星、すなわち古い星を大きく描いて二本線で取り囲み、肉眼では見えない星を小さく、一本線で記した。大きさの違いも最大限保つようにした。

もう一つの例では、プレイアデスと呼ばれるおうし座の六つの星を描いた[*3]（というのは、七番目の星はほとんどまったく見えないからである）。それらの星は天の非常に狭い境界の中に閉じ込められており、それらのそばにはさらに四〇以上の眼には見えない星があった。それらのどれ一つとして、前述の六つの星のいずれからも二分の一度を超えては離れていない。それらから三六個だけを記した。また、オリオン座の場合と同様に、それらの間隔、大きさ、さらに昔からの星と新しい星の違いも保つよ

オリオンの雲

プラエセペの雲

うにした。

三番目に我々によって観察されたのは、天の川自体の本質、すなわち実体である。それは覗き眼鏡のおかげで感覚を通じて精査することができ、その結果、何世紀にもわたって哲学者たちを悩ませてきた論争のすべてが、眼でわかるような確実さによって解消され、我々は言葉の上での議論から解放されるだろう。というのは、銀河とは、集まって塊になった無数の星の群れに他ならないからである。たしかに、そのいかなる領域に覗き眼鏡を向けても、すぐに膨大な数の星の姿が眼に入り、それらの星のうちの少なからざるものがかなり大きく、とてもはっきり見えるが、多くの小さな星はまったく判別できない。

だが、白い雲のような、あの乳白色の輝きが銀河で見られるだけでなく、少なからずの同じような色の小さな領域がエーテル中の至る所に散らばっている。もしそれらのいずれかに覗き眼鏡を向けるなら、星の密な集まりに出会うだろう。さらには（いっそう驚くべきことだが）今日まであらゆる天文学者によって雲のようなもの[*4]と呼ばれてきた星々は、驚くほど密集した小さな星の群れである。各々の星は小さく、我々から非常に遠いために視覚から逃れるのだが、それらの星の光線が混じり合うことから、あの輝きが生まれる。その輝きは、星々や太陽の光線を反射できる、天の濃密な部分であるとこれまで考えられてきた。それらの中のいくつかを観察したので、二つの星群についても報告しようと思い至ったのである。[*5]

第一に、オリオンの頭と呼ばれる雲のようなものがあり、そこでは二一の星が数えられた。[*6]第二の星群は、プラエセペと名づけられた雲のようなものを含んでいる。それはただ一つの星ではなく、四〇以上の小さな星の集まりである。ロバたちの他にも、次のように秩序だって配置された三六の小さな星を記した。[*7]

訳注

＊1　当時、肉眼で見える星は六段階に分類され、いちばん明るい星が第一等級、いちばん暗い星が第六等級とされていた。ここでは第六等級を指している。

＊2　シリウス（おおいぬ座のα星）は、古代より「犬星（Canis）」と呼ばれてきた。中国でも「天狼星」と呼ばれていた。

＊3　「プレアデス星団」（すばる）のこと。

＊4　現代の「星雲（nebula）」は、この「雲のようなもの（nebulosa）」と同じく、ラテン語の「雲（nebula）」を語源としている。

＊5　ガリレオが挙げている二つの例は、いずれもプトレマイオスの『アルマゲスト』で挙げられているものである。

＊6　オリオン座のλ、φ_1、φ_2付近の領域を指している。

＊7　「プレセペ星団」を指しているが、この星団があるかに座のγ星、δ星は、まぐさ桶から餌を食べるロバとして描かれている。"praesepe"は、ラテン語でまぐさ桶の意味。

第四章　メディチ星［木星の衛星］

月、恒星、銀河に関して、これまでに観察されたことを簡潔に述べてきた。目下の問題において最も重要なものとみなされるべきと思われることが残されている。それは、世界の始まりから我々の時代に至るまで、けっして見られることがなかった四つの惑星[*1]を発見し、観察した際の状況やそれらの位置、またほぼ二ヵ月の間にそれらの星の運動と変化に関して観察されたことを明らかにし、公にすることである。すべての天文学者に対して、それらの惑星の周期を探求し、決定することに携わるよう呼びかけよう。我々は、時間が短いために、今日までにはそのことを成し遂げることがまったくできなかった。[*2]だが、再度注意するが、その探求に携わることが無駄になってしまわないようにするためには、この論考の冒頭で述べたような非常に精巧な覗き眼鏡が必要なのである。

さて、今年一六一〇年一月七日、その夜の一時に、覗き眼鏡で天の星々を眺めていたとき、木星が姿を現した。そして、私はまったく優れた道具を用意していたので、木星のそばに、小さな、実際小さいが非常に明るい三つの星があることに気づいた（このことは、以前には、他の器械が劣っていたために起こらなかったのである）。それらは恒星の一員だと私

［図1：1月7日1時］

［図2：1月8日］

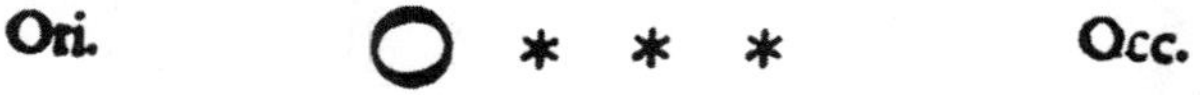

には思われたのだが、しかし少なからざる驚きをもたらした。というのも、それらは正確に、黄道[*3]に平行な直線にそって置かれているように見えたからである。そして、大きさの等しい他のものより輝いていた。それら相互の間の配置、また木星に対する配置は、上のようであった［図1］。

すなわち、東側には二つの星があり、西の方には一つの星があった。最も東の星と西の星は残りの星よりも少し大きく見えた。それらと木星との距離については、まったく気にとめなかった。なぜなら、先に述べたように、最初はそれらが恒星だと考えていたからである。しかし、いかなる運命に導かれたのかはわからないが、八日に観測に戻ったとき、大きく異なる配置に気づいた。というのは、上の図が示しているように、三つの小さな星すべてが木星の西にあり、互いに前夜より近くになっており、相互に等しい間隔で離れていたのである［図2］。

このときは、それらの星相互の接近にはまったく考えが及んでいなかった。しかし、どうして木星は、一日前には、これらの星のうちの二つよりも西にあったのに、それらすべてよりも東に見られる

［図3：1月10日］

のだろうか、という疑問が生じ始めた。そこで、木星は、天文学の計算に反して順行[*4]しており、したがって自らの運動によってそれらの星を追い越したのではないだろうか、と強く思った。それゆえ、非常に大きな期待を抱いて次の夜を待ったのだが、その期待のために落胆してしまった。というのは、天は至るところ雲で覆われていたからである。

一〇日には、それらの星は木星に対して上のような位置に現れた［図3］。すなわち、二つの星だけがあり、両方とも東にあって、三番目の星は、私の推測したところでは、木星の背後に隠れていた。以前と同様、木星とともに一直線上で、黄道にそって正確に並んでいた。このことを知り、またこのような変化はいかなる理由からも木星に帰しえないことを理解し、さらに観察された星がいつも同じものであることを知ったので（というのは、木星の前を行くものであれ、後を行くものであれ、他には大きな距離でも黄道にそっては何もなかったから）、疑いは今や驚きに変わり、現れた変化は木星ではなく、それらの観察された星にあることに気づいた。それゆえ、いっそう注意深く、かつ正確に以後も観察すべきだと考えたのである。

そこで、一一日には、次のような配置を見た［図4］。すなわち、二つの星だけが東にあり、それらの中で内側の星は、最も東の星

［図４：１月11日］

［図５：１月12日１時］

からよりも木星からの方が三倍離れていた。そして両者は、前夜はほとんど等しく見えたのだったが、最も東の星は他方よりほぼ二倍大きかった。よって、天上では、金星と水星が太陽の周りを巡るように、三つの星が木星の周りを巡っていると判断し、それをまったく疑いもなく結論したのである。このことは、結局、続く多くの他の詳しい観察によって、いっそう明瞭に見て取られた。さらには三つのみならず、四つのさまよう星が木星の周りを回転していることも観察された。以下の説明では、続けて正確に観察された、それらの星の位置の変化を示している。それら相互の間隔も覗き眼鏡によって、先に説明した方法で測定した。さらに観察の時刻を増やしたが、とりわけ同じ夜に多くの観察を行うときにはそうしたのだった。というのは、これらの惑星の回転はとても速いので、時刻による違いもしばしば認められうるからである。

　こうして、一二日、その夜の一時には、上のように星が並んでいるのを見た［図５］。

　東の星は西の星より大きいが、両方とも非常によく見え、輝いていた。両者は木星から２分だけ隔たっていた。三時には、前には見

［図6：1月13日］

［図7：1月15日3時］

えなかった三番目の小さな星も現れ始めた。それは東側から木星に触れんばかりであり、まったく小さかった。それらはすべて一直線上にあって、黄道にそって並んでいた。

一三日には、四つの小さな星が木星に対して上の配置にあるのを初めて見た［図6］。

三つが西にあり、一つが東にあって、ほぼ直線を構成していた。ほぼというのは、西の中央の星が直線より北の方へわずかに逸《そ》れていたからである。東の星は木星から2分離れており、残りの星と木星がなす個々の間隔はわずか1分だった。すべての星は同じ大きさを示していた。また、小さいけれども非常に明るく、同じ大きさの恒星よりはるかに輝いていた。

一四日は、曇天だった。

一五日、夜の三時には、四つの星が木星に対して、次に描かれている状態にあった［図7］。

すべての星が西にあって、ほぼ同一直線上に並んでいた。たしかに木星から三番目の星がわずかに北へ上がっていた。木星に近い星はすべての星の中で最も小さく、残りの星は順々に大きく見

［図8：1月15日7時］

［図9：1月16日1時］

えた。木星と三つの続く星との間隔は、みな等しく2分だった。最も西の星は、その近くの星から4分離れていた。それらは、それ以前も以後も、いつもそう見えたように、大いに光り輝いており、まったく瞬きをしなかった。しかし、七時には三つの星しかなく、それらは木星に対して次のような位置にあった［図8］。

すなわち、正確に同じ直線上にあり、木星に近い星は非常に小さく、木星からは3分ほど遠ざかっていた。二番目の星は最初の星から1分だけ離れており、一方、三番目の星は二番目の星から4分30秒離れていた。しかしながら、さらに一時間後には、内側の二つの小さな星は互いにさらに近づいていた。すなわち、ほぼ30秒しか離れていなかった。

一六日、夜の一時には、三つの星が次の順序で並んでいるのを見た［図9］。

二つの星は木星を間に挟み、両側で木星から0分40秒離れていたが、一方、三番目の星は木星から8分隔たっていた。木星に近い二つの星は、遠い星より大きくはないが、明るいように思われた。

［図10：1月17日0時30分］

［図11：1月17日5時頃］

［図12：1月18日0時20分］

一七日、日没後の〇時三〇分には、上のような配置だった［図10］。

東には一つの星しかなく、木星から3分隔たっており、同様に西の星は一つで、木星から11分離れていた。東の星は西の星より二倍大きく見えた。それら二つ以上には星はなかった。だが、四時間後、すなわち五時頃には、東側に第三の星が現れ始めた。その星は、私の考えでは、以前は最初の星と一つになっていた。そして、上のような位置だった［図11］。

内側の星は東の星にとても近く、それからわずか20秒しか離れておらず、両端の星と木星を通って引かれた直線からわずかに南の方へ逸れていた。

一八日、日没後の〇時二〇分には、上のような配置だった［図12］。

東の星は西の星より大きく、木星から8分隔たっていたが、一方、西の星は木星から10分離れていた。

一九日、夜の二時には、それらの星の配列は次のよ

［図13：1月19日2時］

［図14：1月19日5時］

［図15：1月20日1時15分］

うだった［図13］。

　すなわち、三つの星が正確に木星とともに直線にそってあった。東には一つの星があり、木星から6分隔たっていた。木星と、その西の最初に木星に続く星とは5分の間隔があったが、一方、その星は最も西の星から4分だけ離れていた。このときは、東の星と木星の間に小さな星があるか否かは定かでなかった。その星は、たしかに木星にきわめて近く、木星にほとんど触れているかのようだったのである。しかし、五時には、この小さな星が今や木星と東の星のちょうど中間の場所を占めていることがはっきりわかった。そのときの配列は上のようだった［図14］。

　さらに新しく見られた星は非常に小さかったが、しかし六時には他の星とほぼ同じ大きさだった。

　二〇日、一時一五分には、上のような配置が見られた［図15］。

　三つの小さな星があったが、それらはきわめて小さ

［図16：1月20日6時頃］

［図17：1月20日7時］

［図18：1月21日0時30分］

いので、ほとんど認められ得なかった。それらは木星から、また互いに1分しか隔たっていなかったのである。西には小さな星が二つあるのか、三つなのかは、たしかではなかった。六時頃には、上のように並んでいた［図16］。

たしかに、東の星は木星から、以前の二倍、すなわち2分だけ離れていた。西の内側の星は木星から0分40秒だけ隔たっていたが、一方、最も西の星からは0分20秒隔たっていた。最後に、七時には、三つの小さな星が西側に見られた［図17］。

　木星にいちばん近い星はそれから0分20秒だけ離れており、この星と最も西の星との間隔は40秒だった。これらの星の間にはもう一つの星が見られ、それはわずかに南の方へ逸れていたが、最も西の星からは10秒以上は遠くなかった。

　二一日、〇時三〇分には、東側には三つの小さな星があり、互いに、また木星から等しく離れていた［図

［図19：1月22日2時］

［図20：1月22日6時］

18］。

たしかに、その間隔は、推測するに50秒だった。西側にも星があり、木星から4分隔たっていた。木星にいちばん近い東の星は、それらすべての中で最も小さく、たしかに残りの星はいくぶん大きく、互いにほぼ等しかった。

二二日、二時には、星の配置は上のようだった［図19］。東の星から木星までの間隔は5分、木星から最も西の星までの間隔は7分だった。一方、西の内側の二つの星は互いに0分40秒だけ隔たっていたが、二つのうち木星にいちばん近い星は木星から1分離れていた。それらの星のうち、内側のものは両端の星より小さかったが、黄道に従う同じ直線にそって並んでいた。ただし、西の三つの星のうち、中央の星はわずかに南へ逸れていた。しかし、夜の六時には、上のような配置で見られた［図20］。

東の星は非常に小さく、木星から、以前のように5分隔たっていた。一方、西の三つの星は、木星から、また互いに等しく離れており、個々の間隔は1分20秒ほどだった。木星に近い星は残りの続く二つの星より小さく見え、そしてすべての星が正確に同じ

［図21：1月23日0時40分］

［図22：1月23日5時］

［図23：1月24日］

直線上に位置しているのが見られた。

二三日、日没後の〇時四〇分には、星の配置はちょうど上のようだった［図21］。

いつもそうであったように、三つの星が木星とともに黄道にそった直線上にあった。東の星は二つであり、一方、西の星は一つだった。最も東の星は次の星から7分離れており、一方、後者は木星から2分40秒離れていた。木星は西の星から3分20秒離れており、すべての星はほぼ等しい大きさだった。しかし、五時には、先ほど木星に近かった二つの星はもはや見えなかった。私の考えでは、それらは木星に隠れており、上のような様子だった［図22］。

二四日には、三つの星がすべて東に見られ、ほぼ木星と同じ直線上にあった。たしかに、中央の星はわずかに南の方へ逸れていた。木星にいちばん近い星は木星から2分隔たっており、次の星はその星から0分30秒、最も東の星は二番目の星から9分離れていた。そ

［図24：1月24日6時］

［図25：1月25日1時40分］

［図26：1月26日0時40分］

れらの星は、すべてとても輝いていた［図23］。

他方、六時には、二つの星だけが次の位置に現れていた［図24］。

たしかに、これらの星は紛れもなく木星とも同じ直線上にあった。いちばん近い星は木星から3分離れていたが、もう一つの星はその星から8分離れていた。私が誤っていないなら、先に観察された二つの内側の小さな星は重なって一つになっていた。

二五日、一時四〇分には、上のような配置だった［図25］。

たしかに、二つの星だけが東の領域にあり、それらはかなり大きかった。最も東の星は内側の星から5分隔たっていたが、内側の星は木星から6分だった。

二六日、〇時四〇分には、星の配列は次のようだった［図26］。

たしかに三つの星が見られ、それらの星のうち二つは木星の東にあり、第三の星は西にあった。西の星は

［図27：1月26日5時］

［図28：1月27日1時］

［図29：1月30日1時］

木星から5分離れていた。他方、東の内側の星は木星から5分20秒隔たっていた。一方、最も東の星は内側の星から6分隔たっており、同じ直線上にあり、同じような大きさだった。ついで五時には、配置はこれとほぼ同じだった［図27］。

　異なっていたのは、木星の近くで第四の小さな星が東側に現れたことだけである。それは他の星より小さく、そのときは木星から30秒隔たっていたが、上の図が示すように、直線から北へわずかに高くなっていた。

　二七日、日没後の一時には、一つの小さな星だけが見られた。東にあるその星は、上の配置であった。その星は非常に小さく、木星から7分隔たっていた［図28］。

　二八日と二九日は、雲に邪魔されて何も観察できなかった。

　三〇日、夜の一時には、上のように星が位置しているのが見られた［図29］。

［図30：1月31日2時］

［図31：1月31日4時］

一つの星が東にあり、木星から2分30秒隔たっていた。他方、二つが西側にあり、それらのうち木星に近い方の星は木星から3分離れており、残りの星はその木星に近い星から1分離れていた。両端の星と木星の位置は同じ直線上にあったが、内側の星は北へわずかに高くなっていた。最も西の星は残りの星よりも小さかった。

［この月の］最後の日、二時には、東に二つの星が見られ、一方、西には一つの星が見られた［図30］。

東の星のうち内側の星は木星から2分20秒離れていたが、最も東の星は内側の星から0分30秒離れていた。西の星は木星から10分隔たっており、それらの星はほぼ同じ直線上にあった。東の、木星に近い星だけが、わずかに北に高くなっていた。他方、四時には、二つの東の星は互いにさらに近かった。たしかに、わずか20秒しか離れていなかったのである［図31］。

これらの星の観測の際には、西の星はかなり小さく見えていた。

二月一日、夜の二時には、配置は同様だった［図32］。

［図32：2月1日2時］

［図33：2月2日］

［図34：2月2日7時］

最も東の星は木星から6分隔たっており、西の星は8分隔たっていた。東側では、とても小さな星が木星から20秒隔たったところにあり、それらは完全な直線を示していた。

二日には、星は上の順序で見えた［図33］。東には一つの星だけがあり、木星から6分隔たっていた。木星は、西の、近い方の星から4分離れていた。この星と、最も西の星の間隔は8分だった。それらの星は正確に同じ直線上にあり、ほぼ同じ大きさだった。しかし、七時には、四つの星があり、それらの間で木星は中央の場所を占めていた［図34］。

これらの星のうち最も東の星は次の星から4分隔たっており、後者は木星から1分40秒隔たっていた。木星は、西の近い方の星から6分離れていたが、一方、その星は最も西の星から8分離れていた。そして、すべての星は、同様に黄道にそって延ばされた同じ直線上にあった。

［図35：２月３日７時］

［図36：２月４日２時］

［図37：２月４日７時］

三日、七時には、星は上の順序で並んでいた［図35］。

東の星は木星から1分30秒隔たっており、西のいちばん近い星は木星から2分隔たっていた。一方、最も西の、もう一つの星はこのいちばん近い星から10分遠ざかっていた。それらの星は、正確に同じ直線上にあり、等しい大きさだった。

四日、二時には、木星の周りには四つの星があって、二つは東に、二つは西にあり、正確に同じ直線上に並んでいた。上の図にあるとおりである［図36］。

最も東の星は次の星から3分隔たっており、他方、後者は木星から0分40秒離れていた。木星は、西の、いちばん近い星から4分離れており、この星はさらに西の星から6分離れていたが、それらの星はほぼ同じ大きさだった。木星にいちばん近い星は残りの星よりわずかに小さく見えた。しかし、七時には、東の星は互いにわずか0分30秒しか隔たっていなかった［図37］。

［図38：２月６日］

［図39：２月７日］

［図40：２月８日１時］

木星は、東の近い方の星から2分離れていたが、西側の隣りにある星からは4分離れていた。一方、後者は最も西の星から3分隔たっていた。また、それらの星は、すべて等しい大きさで、かつ黄道にそって延ばされた同じ直線上にあった。

五日は、空は曇っていた。

六日には、二つの星だけが現れ、上の図で見られるように、木星を中央に挟んでいた［図38］。

東の星は木星から2分隔たっていたが、一方、西の星は3分隔たっていた。それらの星は、木星とともに同じ直線上にあって、同じ大きさだった。

七日には、二つの星があり、両方とも木星の東にあり、このように並んでいた［図39］。

それら相互の間隔、そして木星に近い方の星と木星との間隔は等しく、すなわち1分だった。また、それらの星と木星の中心を直線が通っていた。

八日、一時には、三つの星があり、図にあるように

［図41：2月9日0時30分］

すべて東にあった［図40］。

　木星にいちばん近い、比較的小さな星は、木星から1分20秒隔たっていた。他方、［東の］中央の星は、この星から4分隔たっており、かなり大きかった。最も東の星はとても小さく、中央の星から0分20秒離れていた。木星にいちばん近い星が一つだけなのか、それとも二つの小さな星なのかは確かではなかった。というのも、時折その東側にもう一つ驚くほど小さな星が見られたからである。その星は、それから0分10秒しか離れていなかった。それらの星はすべて黄道にそった同じ直線上に広がっていた。他方、三時には、木星にいちばん近い星は木星にほぼ接していた。実際、木星から0分10秒しか隔たっていなかった。一方、残りの星は木星から遠くなっていた。というのも、中央の星は木星から6分離れていたからである。四時には、ついに先ほどは木星にいちばん近かった星が木星と一つになっており、もはや認められなかった。

　九日、〇時三〇分には、上のような配置であって、二つの星が木星の東にあり、一つの星は西にあった［図41］。

　最も東の星は、むしろ小さく、次の星から4分隔たっていた。内側の大きい方の星は、木星から7分離れていた。木星は西の小さい星から4分隔たっていた。

［図42：2月10日1時30分］

［図43：2月11日1時］

［図44：2月11日3時］

一〇日、一時三〇分には、二つのとても小さな星が両方とも東に、上のような配置で見られた［図42］。

遠い方の星は木星から10分離れていたが、一方、近い方の星は0分20秒離れていた。また、それらは同じ直線上にあった。しかし、四時には、木星にいちばん近い星はもはや姿がなく、もう一つの星もとても小さく見えて、大気はとても澄んでいたにもかかわらず、ほとんど認めることができなかった。また、先ほどより木星から遠かった。というのも、12分隔たっていたからである。

一一日、一時には、東には二つの星があり、西には一つの星があった［図43］。

西の星は木星から4分隔たっていた。東側で、木星に近い方の星は、同じように木星から4分離れていた。一方、最も東の星は、この星から8分隔たっていた。それらの星は十分はっきりしており、同じ直線上にあった。しかし、三時には、四番目の星が木星から

［図45：２月11日５時30分］

［図46：２月12日０時40分］

いちばん近いところで、東側に見えた［図44］。

その星は、他の星より小さく、木星から0分30秒離れており、他の星を通って引かれた直線から北へ少し逸れていた。それらの星はすべてとても輝いており、きわめてはっきりしていた。他方、五時半には、すでに東側の、木星にいちばん近い星は木星から遠くなっており、木星と、その星自身に近い東側の星との中間の場所を占めていた。上の図に見ることができるように、それらの星はすべて正確に同じ直線上にあって、同じ大きさだった［図45］。

一二日、〇時四〇分には、二つの星が東にあり、同じように二つの星が西にあった［図46］。

東側の、木星から遠い方の星は10分隔たっていたが、西の遠い方の星は8分離れていた。また、両方とも、かなりはっきり見えた。残りの二つの星は、木星に非常に近く、とても小さかった。とりわけ東の星は小さく、木星から0分40秒ほど隔たっていた。一方、西の星は1分隔たっていた。ところが、四時には、東側の、木星にいちばん近い小さな星はもはや見えなかった。

一三日、〇時三〇分には、二つの星が東に現れ、さらに二つの星

［図47：２月13日０時30分］

［図48：２月15日１時］

が西に現れた［図47］。東側の、木星に近い方の星は、かなり明るく、木星から2分隔たっていた。それより小さな最も東の星は、先の星から4分離れていた。西側の、木星から遠い方の星は、非常にはっきり見え、木星から4分隔たっていた。この星と木星の間に小さな星が挟まれており、それは最も西の星に近かった。というのも、その星から0分30秒ほどしか離れていなかったからである。それらは、みな正確に黄道にそった直線上にあった。

一五日（というのも、一四日は、空が雲で覆われていたからである）、一時には、星の位置は上のとおりだった［図48］。たしかに、東には三つの星があったが、一方、西には何も認められなかった。東側で木星にいちばん近い星は木星から0分50秒隔たっていた。次の星は、この星から0分20秒離れていた。他方、最も東の星は、二番目の星から2分離れており、残りの星より大きかった。たしかに、木星に近い星たちは、とても小さかった。しかし、五時頃には、木星に近い方の星の中で認められたのは一つだけであり、その星は木星から0分30秒隔たっていた［図

［図49：２月15日５時頃］

［図50：２月15日６時］

［図51：２月16日６時］

49］。

一方、東側の遠い方の星の、木星からの距離は増えていた。たしかに、そのときには4分だった。だが、六時には、先ほど述べたのと同じように東に二つの星があった他に、西の方にはとても小さな星が一つ認められ、木星から2分隔たっていた［図50］。

一六日、六時には、星は上のような配置にあった［図51］。

東の星は木星からちょうど7分離れていた。木星は次の［西側の］星から5分隔たっていたが、一方、この星は西のもう一つの星から3分隔たっていた。それらはみなほとんど同じ大きさで、十分にはっきり見えており、黄道にそって正確に引かれた同じ直線上にあった。

一七日、一時には、二つの星があった［図52］。一つは東の星で、木星から3分隔たっており、もう一つの西の星は10分隔たっていた。後者は東の星より

［図52：2月17日1時］

［図53：2月18日1時］

［図54：2月18日6時］

いくぶん小さかった。しかし、六時には、東の星は木星に近くなり、たしかに0分50秒隔たっていた。他方、西の星はさらに遠くなり、すなわち12分隔たっていた。それらの星はどちらの観測でも同じ直線上にあり、両方とも小さく、とりわけ東の星は二回目の観察の際には小さかった。

一八日、一時には、三つの星があった。二つは西で、一つは東だった［図53］。

東の星は木星から3分隔たっていた。西のいちばん近い星は木星から2分離れており、さらに西のもう一つの星は内側の星から8分離れていた。それらはみな正確に同じ直線上にあり、ほぼ同じ大きさだった。だが、二時には、木星に近い二つの星は、木星から同じ間隔だけ離れていた。というのは、西の星もまた3分離れていたからである。しかし、六時には、四番目の星が、上のような配置で東の星と木星の間に見えた［図54］。

最も東の星は二番目の星から3分隔たっており、二番

［図55：2月19日0時40分］

［図56：2月21日1時30分］

目の星は木星から1分50秒隔たっていた。木星は次に来る西の星から3分離れていたが、一方、この星は最も西の星からは7分離れていた。それらの大きさはほぼ等しく、木星にいちばん近い東の星だけが他の星よりもわずかに小さかった。また、それらは黄道に平行な同じ直線上にあった。

一九日、〇時四〇分には、二つの星だけが木星の西に認められた。それらはかなり大きく、木星とともに、正確に黄道にそって引かれた一つの同じ直線上にあった［図55］。

木星に近い方の星は7分隔たっていたが、一方、この星は最も西の星から6分隔たっていた。

二〇日には、空は曇っていた。

二一日、一時三〇分には、三つのかなり小さな星が、上のような配置で認められた［図56］。

東の星は木星から2分離れていた。木星は続く西側の星から3分離れており、一方、この星は最も西の星から7分離れていた。それらは正確に黄道に平行な同じ直線上にあった。

二五日（先立つ三夜は、空が雲で覆われていた）、一時三〇分

［図57：2月25日1時30分］

［図58：2月26日0時30分］

［図59：2月26日5時］

には、三つの星が現れた［図57］。

二つの東の星は、それらの間の距離と木星からの距離が等しく4分だった。西の星は一つであり、木星から2分離れていた。それらは正確に黄道にそって引かれた同じ直線上にあった。

二六日、〇時三〇分には、二つの星しかなかった［図58］。

東の星は一つで、木星から10分隔たっていた。もう一つの西の星は、木星から6分隔たっていた。東の星は西の星よりいくぶん小さかった。しかし、五時には、三つの星が見えた［図59］。

たしかに、すでに触れた二つの星のほかに、それまで木星の向こうに隠れていた三番目のとても小さな星が、木星の西側で近くに認められ、木星から1分隔たっていた。他方、東の星は先に見たときより遠くなっており、実際、木星から11分隔たっていた。この夜初めて、木星とこれに随伴する惑星[*5]［衛星］が黄道にそ

［図60：２月26日５時］

［図61：２月27日１時］

って進むのを、一つの恒星との関係から観察するのがよいと思った。たしかに恒星が東にあり、この恒星は次のように東の惑星［衛星］から11分隔たっており、南へわずかに逸れていた［図60］。

二七日、一時[*6]には、四つの星は次のような配置で現れた［図61］。

最も東の星は木星から10分隔たっており、続く木星にいちばん近い星は0分30秒隔たっていた。木星の次に来る西の星は2分30秒、西のいちばん遠い星はこの星から1分隔たっていた。木星に近い方の星は小さく見えたが、東側の星はとりわけそうだった。他方、両端の星は非常にはっきりしていたが、とくに西の星はそうだった。それらの星は、黄道にそった直線を正確に描いていた。これらの惑星［衛星］の東方への進行が、前述の恒星との比較から明確に認められた。たしかに、上の図で見ることができるように、木星は随伴する惑星［衛星］とともに

［図62：２月28日１時］

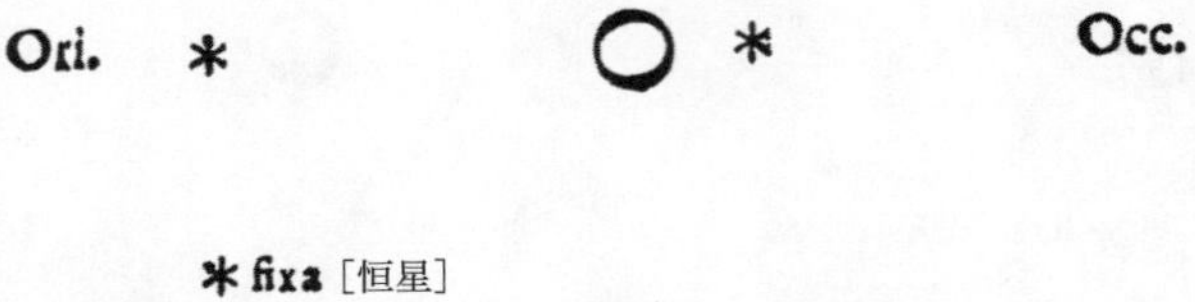

［恒星］

［図63：２月28日５時］

に、この恒星に近くなっていた。しかし、五時には、東側の、木星にいちばん近い星は、木星から1分離れていた。

二八日、一時には、二つの星だけが見られた［図62］。東の星は木星から9分隔たっていたが、西の星は2分隔たっていた。それらはかなりはっきりしており、同じ直線上にあった。図にあるように、恒星は、その直線に対して、東の惑星［衛星］において垂直に出会う。[*7] しかし、五時には、三番目の星が東側で木星から2分隔たっており、上のような配置であるのが見られた［図63］。

三月一日、〇時四〇分には、四つの星がすべて東に認められた［図64］。

それらの中で木星にいちばん近い星は、木星から2分離れていた。次の星はその星から1分、三番目の星は0分20秒離れており、その星は他の星より明るかった。他方、最も東の星は、三番目の星から4分隔たっており、他の星よりも小さかった。それらの星は、ほとんど直線

［図64：3月1日0時40分］

［図65：3月2日0時40分］

を描いていた。ただし、三番目の星は木星よりもわずかに高かった。恒星は、図にあるように、木星と、最も東の星とで等辺三角形［正三角形］を作っていた。

二日、〇時四〇分には、三つの惑星［衛星］があり、上の配置のように、東には二つあり、一方、西には一つだった［図65］。

最も東の星は木星から7分離れており、次の星はこの星から0分30秒隔たっていた。他方、西の星は木星から2分遠ざかっていた。両端の星は、かなり小さく見えたもう一つの星よりも明るく、大きかった。最も東の星は、残りの星と木星を通って引かれた直線からわずかに北に上がっているのが見られた。前述の恒星は、その恒星から[*8]、すべての惑星［衛星］を通って延ばされた直線の上に下ろされた垂線にそって、西の惑星［衛星］から

8分隔たっていた。先の図が示すとおりである。

木星とそのそばにある惑星［衛星］の、恒星に対するこのような位置関係を報告するのがよいと私は考えた。それは、これらの位置関係から、経度にそったものであれ、緯度にそったものであれ、それらの惑星［衛星］の運行が表[*9]から導かれた運動と正確に一致することを、誰もが理解できるようにである。

以上が、最近私によって初めて見いだされた四つのメディチ惑星［衛星］について観察したことである。それから、これらの惑星［衛星］の周期を数値で導くことはまだできないけれども、少なくとも注目に値することを述べることはできるだろう。第一に、それらの星は、同じような間隔で、ときには木星の後を追い、ときには前を進みつつ、東へも西へもごく限られた距離しか木星から遠ざからず、逆行するときも順行するときも同じように木星に随行している。それらの惑星［衛星］は木星の周りを回転しつつ、他方、それらすべてが、ともに世界の中心を巡る回転を一二年の周期で成し遂げることは、誰にも疑い得ないのである。これに加えて、それらの星が異なる円上を回転していることは、以下のことから明らかに推論される。すなわち、木星から大きく離れているときには、二つの惑星［衛星］が重なっているのを見ることができなかったのである。だが、木星の近くでは、二つ、三つ、またときにはすべての惑星［衛星］が同時に集まっているのが見られたのである。

さらには、木星の周りに小さな円を描く惑星［衛星］ほど、その回転は速いことが認められる。というのは、木星に近い星は、前日に西側で現れたものでもしばしば東側で見られ、またその反対のことも起こるのである。しかし、最も大きな軌道を進む惑星［衛星］は、前述の回転について注意深く検討する人には、半月で最初に戻るように思われる。さらに、次のような人たちからの疑念を取り払うための、卓越し優れた論拠がある。彼らは、コペルニクスの体系[*10]において惑星による太陽の周りの回転を平静な気持ちで受け入れつつも、月が地球の周りを運動しつつ、両方とも太陽の周りを一年で回転するということには大いに困惑して、この宇宙の構造を不可能なものとして拒否すべきだと判断してしまうのである。しかし今や、一つの惑星［衛星］がもう一つの惑星の周りを巡りつつ、両方とも太陽の周りの大きな軌道を進む、そのような惑星はただ一つではないのである。実際、地球の周りを巡る月と同じように、木星の周りをめぐる四つの星［衛星］が感覚によって我々に示されており、この回転運動の間もそれらの星はすべて、木星とともに一二年という期間で太陽の周りの大きな回転を行っている。

最後に、メディチ星が、木星の周りのきわめて小さな回転を行う間に、ときには二倍以上大きく見えることがいかなる理由によって起こるのか、ということに触れないわけにはいかない。その原因を地上の蒸気に求めることはまったくできない。というのも、木星やその近くの恒星の大きさの変化がまったく認められないときでも、メディチ星は大きくなる、あるいは小さくなるのが見られるからである。だが、一方で、それらの星が、その回転の近地点や遠地点の近くで、それほどの変化の原因をもたらすほど地球に近づいたり遠ざかったりするということは、まったく考えられえないように思われる。というのも、その小さな回転運動では、そのような変化をけっして引き起こしえないからである。実際、楕円運動（この場合には、ほぼ直線運動である）を考えるのは困難であり、また現象ともけっして一致しないように思われる。このことに関して思い浮かぶことを喜んで提示し、正しく思索を行う者たちの評価と批判にすっかり委ねよう。さて、地上の蒸気が介在することによって、太陽と月は大きく見えるが、恒星と惑星は小さく見えることはたしかである。それゆえ、水平線近くで輝く太陽と月は大きくなるが、一方、星は小さくなり、ほとんど見えなくなる。もしその蒸気が光に満ちていたなら、さらにいっそう小さくなるだろう。それゆえ、星は日中や薄暮には非常にか細く見える。しかし、月は、先にも指摘したように、そのようにはならない。さらに、地球のみならず月にも取り囲む蒸気の球があることは先に述べたことから明らかだが、またとりわけ、わが『体系』[*11]において詳しく述べることから明らかになるだろう。また、残りの惑星についても同じ判断が適切になされうるのである。したがって、木星の周りに、エーテルの残りの部分より濃密な球を置くことも考えられないようにはまったく思われない。元素球[*12]の周りを月が巡っているように、この濃密な球の周りをメディチ星が周回しており、この球が間に置かれているために、それらの星は遠地点では小さくなり、一方、近地点では、その球がなくなる、あるいは少なくなるために大きく見えるのである。時間が足りないので、さらに議論を進めることはできない。寛容なる読者をしては、このことに関して近いうちにさらに多くのことを知ることができると期待していただけよう。

訳注

＊1　木星の四つの衛星を指している。これらは現在「ガリレオ衛星」と呼ばれる。ガリレオは、それらを「惑星」、「星」、「小さな星」と呼んでいる。「衛星（satelles）」という言葉を最初に用いたのはケプラーである（『星界の報告者との対話』一六一〇年）。

＊2　ガリレオは、『浮体論議』（一六一二年）で、木星の四衛星の周期を与えているが、その値は現代のものに近い。

＊3　天球上で、太陽が動く軌跡を指している。

＊4　太陽や惑星は、同じ時刻に見ると、恒星に対して相対的に通常は日々少しずつ東へ進んでおり、「順行」と呼ばれる。ただし、惑星は地球との相対的な位置関係のために、一時的に西へ進むときがあり、「逆行」と呼ばれる。ここでは、天文学者の計算では、木星は「逆行」することになっていたにもかかわらず、「順行」しているとガリレオには見えたということである。

＊5　以下、「惑星」とあるのは木星の衛星を指しているので、「[衛星]」と補ってある。「衛星」という言葉については、前注＊1を参照。

＊6　テキストでは、「二七日、一時四分（Die 27. Ho.1. m.4.）」となっているが、国定版全集では「四〇分（min.40）」と訂正されている。一方、草稿では「Die 27. Ho.1. 4. apparebant stellae」となっているので、「二七日、一時には、四つの星が……現れた」と訳した（フランス語訳に従った）。

＊7　その直線に対して恒星から引かれた垂線は、東側の惑星において交わる、という意味である。

＊8　原文では「その惑星から」となっているが、文脈から判断して「その恒星から」とした。

＊9　木星の四衛星の位置を示した運行図を指していると思われる。『太陽黒点論』（一六一三年）の巻末には、一六一三年三月一日から五月八日までの運行図が掲載されている。

＊10　草稿では、ここに「（それは事実にまったく合致していると私は考える）」という一節が入っていたが、刊行された著作では削除されている。

＊11　『世界系対話』を指しているが、そこでは木星を囲む蒸気の球には言及されていない。それまでの間に、ガリレオはこの考えの誤りに気づいたと考えられる。

＊12　当時地球は四つの元素（土、水、空気、火）からなっており、それらが階層的な球を構成していると考えられていた。

訳者解説

現代はビッグサイエンスの時代と言われるように、その先端的な活動には巨大な観測装置や実験装置が不可欠とみなされています。天文学においても、口径数メートルの巨大な望遠鏡が話題になることがあります。このような観測装置は人間の感覚器官を拡張するものですが、その歩みは近代科学の誕生とともに始まったと言えます。ガリレオやニュートンらの名前で知られる一七世紀科学革命では、新しい科学的理論とともに、それを経験的に確証するための道具としての観測機器および実験装置が考案されています。例えば、望遠鏡、顕微鏡、温度計、真空ポンプなどが挙げられるでしょう。それらの中でも、最初に世の中に現れ、それまでの自然研究の世界を大きく変えたのが望遠鏡でした。

ガリレオは望遠鏡による観測を通じて伝統的な宇宙像を葬り去ったと言われます。現代の我々は地上の物体であろうと天体であろうと、すべての物体は同一の物理法則に従うと考えています。ニュートンがリンゴも月も同じ運動法則、そして万有引力の法則に従うと考えたことは周知のとおりですが、このような考えは一七世紀においてはまったく革新的なものでした。というのも、それまでは地上世界と天上世界はまったく異なるものと考えられており、地上の物体と天体が同じ法則に従うなどというのはあり得ないことだったからです。たしかに、伝統的な宇宙論に従わず、新しい宇宙像を主張する哲学者も存在しましたが、それはあくまで思索上のものでしかありませんでした。ところが、ガリレオは望遠鏡による観測を通じて獲得された経験的証拠に基づいて、地上世界と天上世界をまったく異なるものと捉える伝統的な宇宙観を覆したのでした。彼が望遠鏡による天体観測を始めてからわずか三ヵ月後に刊行した本書『星界の報告』は、近代観測天文学の出発点であるとともに、新しい宇宙像への出発点でもあったのです。

解説は以下の五節からなっており、最初の三節は『星界の報告』刊行までの過程を辿っています。『星界の報告』の内容について知りたい方は第四節から読んでいただければと思います。

一　望遠鏡に出会うまで
二　望遠鏡との出会い
三　望遠鏡による天体観測
四　『星界の報告』
五　『星界の報告』刊行以後

第五節では、この著作が及ぼした影響の他、現在の研究状況にも触れています。ガリレオの科学について関心を持たれた方は、巻末の「文献案内・読書案内」を参考にして、興味を抱かれた本を読んでいただければと思います（以下の解説の内容は、拙著『ガリレオ――望遠鏡が発見した宇宙』と重複していることをご了承願います）。

一　望遠鏡に出会うまで

ガリレオ・ガリレイ（Galileo Galilei）（一五六四―一六四二年）は、一五六四年二月一五日（ユリウス暦による）にイタリア中部フィレンツェ近郊のピサで生まれた。望遠鏡による天体観測を開始した一六〇九年冬、彼はすでに四五歳になっていた。遅咲きの学者と言えよう。一五八一年に医学を学ぶためピサ大学に入学したが、学位を取らずに退学している。その理由は、父の友人の数学者オスティリオ・リッチ（Ostilio Ricci）（一五四〇―一六〇三年）からエウクレイデスの『原論』を学び、アルキメデスの著作に夢中になったことにある。ガリレオはアルキメデスの静力学から着想を得て、物体の比重を精密に測るための天秤について説明した『小天秤』を著している。これは静力学に関わるものであるが、彼はその後もこの分野の研究を続け、一五八九年にピサ大学の数学教授、一五九二年にはパドヴァ大学の数学教授になった。

パドヴァ大学時代の活動は、現代から見れば、数学者というよりも数理工学者のものに近いと言えよう。幾何学や算術の他、初歩的な天文学理論、また当時「機械学」と呼ばれていた静力学分野の授業を大学で行うとともに、私的に築城術や測量といった工学的な問題を教授していたことが知られている。とくに彼の技術的な関心をよく表しているものとして知られているのは、「軍事用幾何学的コンパス」という道具を製作して販売していたことである。これは一種の計算尺であるが、ガリレオは自宅に工房を備え、職人を雇って真鍮製のコンパスを製作させていた。彼が出版した最初の著作は、そのコンパスの使用法を書いたマニュアルである。

パドヴァ時代のガリレオは学者としては無名に近かったが、その一方で、この時期には、晩年に公表されることになる物体の落下運動に関する実験研究を行っており、またすでにコペルニクスの惑星理論、すなわち太陽中心説を支持していたことが知られている。

二　望遠鏡との出会い

ガリレオの用いた望遠鏡はしばしば「ガリレオ式望遠鏡」と呼ばれるが、これは彼が発明したものではなかった。この型の望遠鏡は、対物レンズが凸レンズ、接眼レンズが凹レンズからなり、一六〇八年にオランダで眼鏡職人が特許を申請したことで世の中に広く知られるようになった。光学式望遠鏡は、大別して、レンズだけからなる屈折式望遠鏡と、レンズと反射鏡を用いた反射式望遠鏡に分類される。反射式望遠鏡は、一七世紀後半にニュートン(Isaac Newton)(一六四二―一七二七年)によって考案された。屈折式望遠鏡にはガリレオ式とケプラー式があるが、後者は名前のとおりケプラー(Johannes Kepler)(一五七一―一六三〇年)が考案したものである。ケプラー式はガリレオ式に比べて視野が広く、倍率を大きくすることが可能だが、得られる像が倒立像であるため一般的な使用には適さなかった。天体観測の用途で用いられるようになるのは一六三〇年代に入ってからだったが、それ以後は天文学ではガリレオ式は駆逐されてしまい、天体望遠鏡といえばケプラー式を指すようになった。

ガリレオ式望遠鏡は焦点距離の長い凸レンズと短い凹レンズからなるが、どちらも当時の眼鏡店で入手可能だった(ケプラー式では、どちらも凸レンズを用いる)。凸レンズは拡大鏡、老眼の矯正用として、凹レンズは近視の矯正用として販売されていたのである。ただし、一般に入手可能なレンズを用いて製作が可能な望遠鏡の倍率は二倍ないし三倍程度であり、実際、眼鏡店で市販されるようになった望遠鏡の倍率もその程度だった。屈折式望遠鏡の倍率は、対物レンズ(凸レンズ)の焦点距離を接眼レンズ(凹レンズ)の焦点距離で割ることによって与えられる。この倍率の公式を用いると、例えば対物レンズの焦点距離を一〇るのである。

〇センチメートル、接眼レンズの焦点距離を五センチメートルとすれば、倍率は二〇倍にな

ガリレオが望遠鏡を製作したのは、その発明から少し時間が経過した一六〇九年七月のことだった。彼は望遠鏡の話を聞いただけで、実物を見ずに製作した、と述べている。最初の望遠鏡の倍率は三倍ほどだったが、八月中旬には九倍ほどのものを製作している。九倍の倍率は当時としては極めて優れていたと言ってよいだろう。最初の三倍の望遠鏡は市販のものと同じ性能なので、おそらく眼鏡店で容易に入手できたレンズを使ったと思われるが、九倍の倍率を得るには特別なレンズを使う必要があった。彼はそれ以後も望遠鏡の改良を続け、一一月末には二〇倍の望遠鏡を完成させた。この二〇倍という倍率は当時としては驚異的なものであり、それから半年ほどの間、同程度の性能を持つ望遠鏡は彼にしか製作できなかったようである。

ガリレオだけがこのように優れた望遠鏡を製作できた理由は何だったのだろうか。彼自身は、『星界の報告』の中で、望遠鏡を「屈折理論」に基づいて製作した、と述べている。また、のちの『偽金鑑識官』（一六二三年）でも、眼鏡職人が偶然から望遠鏡を製作したのに対して、自分は理論と実験に基づいて製作した、と主張した。しかし、この「屈折理論」の具体的な内容については、彼は何も述べていない。さきほど触れた望遠鏡の倍率の公式を彼は知らなかったと考えられる。というのも、当時は凹レンズの働きもよくわかっておらず、

倍率との関係も知られていなかったからである。凹レンズは像を鮮明にする働きを持っているとしか思われていなかったようである。また、ガリレオ式望遠鏡についての光学的な説明を最初に行ったのはケプラーだが、彼も倍率の公式には言及していなかった。

一七世紀初めには、拡大像を作る装置として凹面鏡と凸レンズを用いたものが議論されており、ガリレオの言う「屈折理論」とは、その装置に関わる理論だった可能性がある。しかし、望遠鏡に関しては、彼が他の人々より優れた理論的知識を持っていたとは考えられず、彼が優れた望遠鏡を製作できたのは、第一に技術的な理由によるものだったと推測される。ガリレオには、歪みの少なく、よい像を結ぶレンズを製作（あるいは識別）する能力があったのである。焦点距離の長い凸レンズ、すなわち曲率の小さな凸レンズを用いれば倍率を大きくできることを、眼鏡職人は経験的に知り得たかもしれない。しかし、焦点距離が長くなるほど、歪みの少ないレンズを製作することは困難になる。そのためには、均質な板ガラスを入手し、レンズの研磨方法を改良することが不可欠だった。ガリレオが望遠鏡で用いたレンズは片面が平面な平凸レンズもしくは平凹レンズだったが、それは板ガラスの片面を研磨することで製作される。均質な板ガラスと精度のよい研磨があって初めて、鮮明な像を結ぶレンズが製作できるのである。これらの条件を満たすことによって、ガリレオは望遠鏡の性能を上げることができたのだった。

ガリレオは精度のよいレンズの製作を眼鏡職人に依頼するとともに、自らの家にあった工房にレンズを研磨する装置を用意して職人に製作させていたと思われる。性能のよい望遠鏡の製作は、精度の高いレンズを入手することに依存していた。ガリレオは大量のレンズを入手し、その中から適切なレンズを組み合わせて望遠鏡を製作している。一六一〇年三月末の手紙では、一〇〇組以上のレンズを入手したものの、天体観測に用いることができたのは一〇組ほどだった、と述べている。ガリレオは、天文学者だけでなく望遠鏡製作者としても名前を知られることになったが、同時に卓越したレンズ鑑定家でもあった。性能のよい望遠鏡を製作しようとする人は、彼にレンズの性能の評価を依頼していた。

三　望遠鏡による天体観測

望遠鏡による天体観測を最初に行ったのは、ガリレオではなかった。彼より四ヵ月早い一六〇九年七月にイギリスでトマス・ハリオット（Thomas Harriot）（一五六〇—一六二一年）という天文学者が倍率六倍の望遠鏡で月の観測を行い、スケッチを残している。ただし、ハリオットがその観測から月に関して何か新たな知識を得たと考えられるような記述は残っていない。彼の望遠鏡の倍率では不十分だったのだろう。

ガリレオが倍率二〇倍の望遠鏡を完成したのは一一月末のことであり、これを用いて本格的な天体観測を始めたのだった。最初に彼が観測したのが月だったことは、彼が自らの天体観測について言及している最も古い史料である一六一〇年一月七日付の書簡の下書きの内容から理解できる。この書簡では、望遠鏡の倍率、月表面、新しい望遠鏡とその改良、恒星と木星の近くの三つの星、望遠鏡の使用法といったことが述べられているが、その三分の二が月表面に関することに充てられていた。そこでの月の表面の記述は『星界の報告』における議論の骨子とも言うべきもので、この時点で月表面についてのガリレオの考えは固まっていたことがわかる。

当時の伝統的な宇宙観によれば、天上界は完全で不変な世界であり、月も天体の一つとして、その表面は完全である。すなわち、起伏などもなく、まったく滑らかな球体でなければならなかった。それに対して、ガリレオは望遠鏡による観測結果から、月表面も地表面と同じように起伏があって、山や谷に満ちている、と主張する。

その根拠として、明暗部を分ける境界線がぎざぎざしていること、暗い部分にさまざまな輝く点が見られること、明るい部分に黒い斑点が多くあることなどを指摘している。月が完全な球であって、表面が滑らかであるなら、新月から四日ないし五日後には、明暗部を分ける境界は滑らかな曲線になるはずだが、実際に見られるものはぎざぎざしていて暗部に入り込んでいた。境界近くの暗部には光り輝く点が見られるが、それらは時間とともに大きくなっていき、数時間の後には明部と繋がってしまう。ちょうど境界は地上における山の稜線に当たり、暗部にある輝点は、日の出直前に周りがまだ暗いときに太陽の光が当たって輝いている山の頂きなのである。

さらにガリレオは、境界近くの明部には多くの暗い斑点が見られることを指摘する。この斑点はクレーターを指しているが、地上における現象と重ね合わせることから、それが山に囲まれた平地であることが理解される。それらの斑点において、いつも暗い部分が太陽の側にあり、輝く部分は月の暗い部分の側に向いている。これは、地上で山に囲まれた平地で起こることと同じなのである。斑点の暗い部分はそこを囲む山の陰になって暗いのであり、一方、輝く部分は太陽の光が当たって光っていると考えられる。

最後にガリレオは、望遠鏡以前から肉眼によって認められていた大きな斑点に言及している。それは現代では「海」と呼ばれている部分だが、小さな点のような明暗の変化は生じず、したがってその表面は平坦で起伏を欠いている、と考えていた。そして、月を地球と比べるなら、この大きな斑点は海に対応するだろう、と述べている。

ガリレオは、望遠鏡によって得られた情報から月表面の姿を描くに当たって、地表での現象からの類推によっていた。望遠鏡が提供してくれたのは二次元の模様だったが、そこからガリレオは起伏という三次元の形状に関する主張を行ったのであり、経験的データに対して一つの解釈を施したのである。その解釈に当たって、ガリレオは地上の現象を手掛かりにしていた。これは我々には違和感のないことだが、当時としては異例のことだったと考えられる。当時の支配的な宇宙論によれば、天上界と地上界はまったく異なる世界であり、したがって地上界の現象からの類推によって天上界の現象を解釈することは説得力をまったく持たなかったはずである。ガリレオの主張が認められるには、彼の説明が伝統的な宇宙論による説明より説得力を持つ必要があり、そのためには、さらなる経験的な証拠の蓄積が必要だった。

ガリレオは、一六一〇年一月初めには望遠鏡を月から恒星へ向けている。一月七日付の手紙の下書きでは、凸レンズ（対物レンズ）を楕円形の穴が空いた紙で覆うと、対象がより明瞭に見える、と述べている。おそらく、対物レンズの外側を覆うことによって収差の影響が減少し、像が鮮明になったものと考えられる。収差とは、何らかの理由で光線が一点に集まらず、そのために像ににじみ等が生じて像が不鮮明になる現象である。レンズ面の形状から生じる球面収差や、光線が色（波長）によって屈折率が違うために生じる色収差などがあるが、いずれの収差でも、レンズの周辺部を覆って中央部分の光線だけを通過させることによって影響を少なくすることができる。ガリレオには収差についての理論的な知識がなかったと思われるが、おそらく何かの偶然から対物レンズの前に覆いをすると像が鮮明になることに気づいたのではないだろうか。ただし、その代償として光量が減るので、像は暗くなったはずである。対物レンズの周囲を覆う工夫は一二月末か一月初めに行われ、これによって恒星の観測が可能になった、とガリレオは考えていた。

この工夫の最大の成果は、木星の衛星の発見だった。一月七日付の手紙の下書きでは、木星のそばに三つの星を見つけた、とだけ書かれていた。ガリレオは、その後も木星の観測を続けており、その観測日誌が残されている。それに基づいて『星界の報告』の後半部分は書かれていた。日誌の記述によれば、それらの星が木星のそばを離れず、その前後で運動していること、さらにはそれらの星が木星の周りを回転していること、さらにその数は三つではなく四つであることが数日の間に見いだされていた。現存する観測日誌は一月七日から二月中旬まで続いているが、ここでは第四の衛星を見つけた一三日までの日誌を見ることにしよう。

一六一〇年一月七日、木星は、覗き眼鏡［望遠鏡］で三つの恒星といっしょに次のように見られた［図1］。覗き眼鏡がなければ、それらはどれも見られなかった。

八日は次のように見えた［図2］。よって、木星は順行し、計算家たちが考えているように逆行はしていなかった［計算家たちとは天文学者のこと。木星は通常は毎日少しずつ東へ移動しているが、時によっては西へ移動することがある。前者を「順行」、後者を「逆行」と呼ぶ。このときは、天文学者は木星は逆行中だと計算していた］。

九日は曇りだった。

一〇日は、次のように見られた［図3］。木星は最も西側のものと重なっていて、そのために認められうる限りでは、木星は星を隠している。

一一日は、このようだった〔図4〕。木星にいちばん近い星は、もう一つの星の半分の大きさで、その星に非常に近かった。それに対して、他の夜には、それらはすべて三つが等しい大きさで、互いに等しく離れているように見えた。このことから、今まで誰にも見え得なかった三つの他の星は木星の周りをさまよっているように見えるのである。

一二日は、このような配置で見られた〔図5〕。東の星は西の星より少し大きく、木星は両者の間にあって、両方からその直径ほど離れていた。また、おそらく木星の東

図1　1月7日

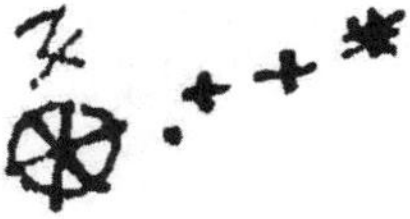

図2　1月8日

図3　1月10日

図4　1月11日

図5　1月12日

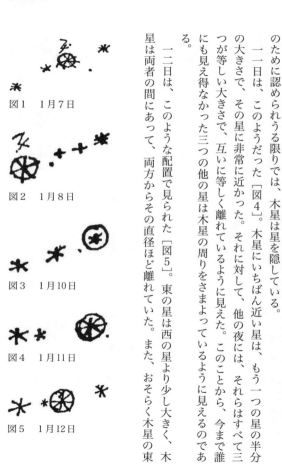

図6　1月13日

図7　1月13日

側、とても近くに非常に小さな第三の星があった、いや、実際そうだった。というのも、とても注意深く観察し、その夜はいっそう暗かったからである。

一三日は、装置をまったくうまく設定したので、木星の非常に近くに、このような配置で四つの星が見えた［図6］。あるいは次の方がよいだろう［図7］。それらはすべて同じ大きさに見えた。西側の三つの星の間隔は木星の直径より大きくはなく、互いには他の夜より著しく近かった。それらは以前のように正確に直線上にあるのではなく、三つの西側の星のうち中央のものがわずかに高い、あるいは最も西側のものがいくぶん低かった。これらの星は小さいが、みな非常に明るく、一方、同じ大きさに見える他の恒星は、これほど輝いてはいなかった。

ガリレオは、七日には木星のそばに三つの恒星を発見したと思っており、八日に木星と恒星の位置関係が変わったことから、木星が移動したと考えた。しかし、木星との位置関係だけでなく、三つの星相互の位置関係も変わり、木星のそばを東西に移動することから、一一日にはそれらの星は「木星の周りをさまよっている」と考えている。さらに一三日には、星が四つあることに気づいたのだった。彼は観測時刻を記していないが、衛星が並んでいる黄道の傾きから、日没からそれほど経ていないものと考えられる。ガリレオが一二日まで衛星が三つだと思っていた理由としては、それまでに彼が観測した時刻には二つの衛星が非常に近い位置にあった、あるいは木星と重なっていたことが挙げられる。また、一つの衛星が木星から離れた場所にあったために見逃したとも考えられる。

ガリレオは、観測の当初から、木星と衛星の位置関係を図によって記録していた。彼は間もなく、衛星が木星を通る黄道に平行な直線上あるいはその近くにあることに気づいた。また、一五日以降は一夜に複数回の観測を行って記録している。衛星が一夜の間に大きく移動することにも気づいた。実際、彼が発見した四つの衛星（一般に「ガリレオ衛星」と呼ばれている）の中で最も周期の短いもの（イオ）は、一・六日ほどで木星の周りを一回転するので、一夜の間にもかなり移動するはずである。もちろん、観測の精度に関しては、視野の狭い二〇倍の望遠鏡で観測している以上、どれほど正確か、という問題はあるだろう。彼は観測結果から四つの衛星の周期を求めることを目指していた、と『星界の報告』の中で書いている。そのためにはまず四つの衛星の同定が必要だったが、これはけっして容易なことではなかった。しかし、一六一二年に刊行された『浮体論議』では、衛星の周期について触れ、現代の値とかなり近い値を示している。

右で引用した観測日誌は、当初イタリア語で書かれていたが、一五日の後半からラテン語に変わっている。当時、学問書はラテン語で書かれるのが一般的であり、ガリレオはこの時点で観測結果を学問書として刊行することを考えたと推測される。その第一の動機は木星の衛星の発見であり、著作の刊行は彼の就職活動とも結び付いていた。彼は木星の衛星を当時フィレンツェを支配していたトスカナ大公コジモ二世（Cosimo II de' Medici）（一五九〇―一六二一年）に捧げ、自らが大公に仕えることを目指したのである。

著作を刊行する意志が最初に表明されたのは、一月三一日付のトスカナ大公国第一書記ヴィンタ（Belisario Vinta）（一五四二―一六一三年）宛の書簡においてだった。そこでは、望遠鏡による発見について説明しており、とくに木星の衛星については「あらゆる驚異を超えたこと」として次のように述べている。

私は新たに四つの惑星を発見し、それらの運動が独特で特殊であって、互いに異なるとともに、他の星の異なる運動すべてとも異なっていることを観察しました。また、これらの新しい惑星はもう一つのとても大きな星の周りを運動していますが、それは金星と水星が、そして偶然にもほかの既知の惑星が太陽の周りを運動しているのと同様なのです。

「もう一つのとても大きな星」とは木星のことであり、「四つの惑星」とは衛星を指している。「衛星（satelles）」という語はケプラーが考案したもので、ガリレオ自身は「惑星」、「星」、「小さな星」などと呼んでいた。この手紙の中で、ガリレオは、望遠鏡による観測結果を公刊した際にはトスカナ大公に本とともに望遠鏡を贈呈する、と伝えている。この時点では、まだトスカナ大公に仕えたいという自らの希望には直接言及していないが、翌二月一三日付の手紙では、木星の衛星にどのような名前をつけるのが適切か、ヴィンタに相談していた。ガリレオは、大公の名前を取った「コジモ星」と、家名を取った「メディチ星」を候補として挙げていた。これに対して、ヴィンタは二〇日付の返答において「メディチ星」という名称を勧めている。ガリレオはヴィンタの忠告に従い、木星の衛星を「メディチ星」と呼ぶことにして、『星界の報告』冒頭のトスカナ大公への献辞において衛星を大公に捧げている。

ガリレオは『星界の報告』が刊行された三月中旬以降もヴィンタと頻繁に手紙のやり取りを行い、四月の復活祭休みには、大公に望遠鏡で天体を見せるためにピサを訪れている。五月上旬には大公に仕えたい旨をヴィンタに申し入れ、下旬には大公から認められたという返答を受け取った。そして、七月上旬、「ピサ大学首席数学者、トスカナ大公付き首席数学者兼哲学者」に任命された。実際にトスカナ大公宮廷での活動が始まったのは、一〇月に入ってからである。

四 『星界の報告』

『星界の報告』は、一六一〇年三月中旬に刊行された。四折版で六〇頁ほどの小著で、発行部数は五五〇部だった、とガリレオは手紙で述べている。望遠鏡による天体観測を開始してから、わずか三ヵ月強での出版は、活字を一字ずつ組んでいた当時としては不可能に近いことだった。実際、そのためにいくつかの不都合が残っていたことが知られている。実は本の標題自体も途中で変更されたように思われるのである。表紙では「星界の報告（sidereus nuncius）」となっているが、本文の冒頭では「天文学的報告（astronomicus nuncius）」となっている。また、ガリレオはイタリア語の手紙でも「天文学的報告（avviso astronomico）」と呼んでいた。さらに“sidereus nuncius”という標題については二つの解釈が可能であり、現代語訳でも二種類のタイトルが存在している。というのは、ラテン語の“nuncius”という語には「報告者」と「報告」の意味があるからである。ガリレオは書簡の中で「報告（avviso）」という語を用いていたことから、本訳書では「星界の報告」としている。ただし、当時の人々がみなこのように解釈していたとは言えない。例えば、ケプラーはこの著作を読んだ後でガリレオの主張を支持する小著を出版したが、そのタイトルは『星界の報告者との対話』となっていた。「……との対話」となっている以上、「星界の報告」ではなく「星界の報告者」とケプラーは解釈したのだろう。

本文中には、訂正の必要な箇所がいくつか残されており、現存する本の中にはガリレオ自身の手によるものと考えられる訂正がなされたものも存在している。最も興味深い訂正は、先にも触れた本文冒頭の標題の中にある。

天文学的報告

新しい覗き眼鏡のおかげにより最近なされた、
月の表面や天の川、雲のような星々、無数の恒星、
さらにメディチ星と名づけられ、これまでは見られることもなかった
四つの惑星に関する観察が含まれ、説明される。

ここで木星の衛星を表す「メディチ星」という語が、活字では「コジモ星」となっており、一〇部ほどの本だけに「メディチ星」と書かれた紙片が糊付けされている。前節でも触

れたように、ガリレオは当初「コジモ星」と命名するつもりでおり、そのような原稿を印刷所に渡していたと思われる。二月下旬になってヴィンタから「メディチ星」を勧められ、表紙ではそのようにしたが、本文では間に合わなかったのだろう。訂正の紙片が貼られた本は、他にも訂正が書き込まれており、特別な紙を使っているところから、特別な人々に送られたものだったのではないかと考えられる。

ガリレオは、急いで刊行するために、すべての原稿が完成してから印刷所に渡すのではなく、書き上げた原稿を順次渡していったと考えられる。というのも、恒星に関する部分は、数頁にわたって頁番号が振られていないのである。『星界の報告』は、前半で月表面を論じ、後半には木星の衛星の観測記録が掲載されている。それらの間に挟まる形で、恒星についての記述が置かれていた。この数頁に頁番号が振られていないのは、前半部分から順番に活字を組んでいったのではなく、前半部分と後半部分を同時進行で組んでいったが、当初考えたより前半部分が長くなり、頁番号が合わなくなったためと考えられている。

また、現存する本の中には、五枚ある月の図版がすべて欠けているものも存在している。印刷に際しては、図版の部分を空けて活字の部分をまず印刷し、それから図版を印刷するが、図版の印刷がなされないまま印刷所から出荷されたのである。このようにガリレオが刊行を急いだのは、先取権の確保のためと考えられる。望遠鏡は彼の発明品ではなく、誰でもレンズさえあれば製作可能であり、レンズ職人でない彼が製作できたものと同程度の性能を持つ望遠鏡を他の誰かが製作する可能性は十分にあった。ただし、実際にはこの危惧は外れ、彼の観測結果を他の人々が望遠鏡で確認できたのは、その年の後半になってからだった。

『星界の報告』は、望遠鏡について述べた後、観測した順に従い、月表面、恒星、木星の衛星について論じている。記述の大半は月表面と木星の衛星に関するものであり、恒星に関する部分はそれら二つに比べると、かなり短くなっている。

月表面の記述の前半は、一月七日の書簡の内容をより詳細に展開している。すなわち、明暗部の境界、明部にある小さな斑点（クレーターを指している）、暗部にある輝点、大きな斑点（海に相当）などを取り上げ、そこから月表面には起伏があり、窪《くぼ》みや隆起で満ちている、と主張している。

月表面の起伏という考えはガリレオの独創ではなく、古代にもそのようなものがあったことが指摘されている。古代の著述家プルタルコスは月表面にも地表面のように山や谷があるという考えを述べており、その著作（『モラリア』）のラテン語訳（一五七二年）をガリレオが所有していたことが知られている。また、ガリレオは月の表面の起伏を主張する際、地球と月の類似性という考えによっており、望遠鏡で得られた情報を地上の現象からの類推によって解釈していた。『星界の報告』では、地球と月の類似性という考えが明確に述べられ、

「月はもう一つの地球のようなものである」という古代のピュタゴラス主義者の見解が紹介されている。さらに、この地球と月の類似性は、月についての記述の後半においても中心的な役割を果たしていた。

後半部分は書簡の後に書かれたと考えられるが、そこでは月の二つの現象が論じられている。一つは、月の縁には起伏が見られず、コンパスで描かれたような円のように正確に丸く見えることの説明である。ガリレオの二〇倍の望遠鏡では縁のクレーターを見ることができなかったため、このような問題を考えたものと思われる。それに対して二つの理由が示されている。第一の理由は、月の縁で山が一列に並んでいるなら歯車のように見えるはずだが、山々が幾重にも重なっているために遮《さえぎ》られて起伏が打ち消されてしまう、というものである。第二の理由としては、月の周りには地球と同じように蒸気の層があって表面を取り囲んでいることがある。地球から月を見ると、縁の付近では蒸気の層が厚くなるので、その層に隠されて起伏が見えないというのである。この蒸気の層は木星にもある、とガリレオは考えていた。

第二の現象は、月の二次光、現代では月の地球照と呼ばれているものである。月の二次光とは、月が欠けているとき、月の輪郭部分が周囲ほど暗くはなく、暗部もわずかに輝いているように見える現象である。この現象は古代から知られていたが、その理由としては、月自体が輝いている、太陽光が月の本体を通過している、他の星から輝きを受け取っている、といったことが挙げられていた。一方、ガリレオは、月の輝きは地球で反射した太陽光線による、と主張している。その説明に際しては、地球が月からの反射光で照らされ、夜も闇に覆われることはないことを挙げ、同様のことが月でも起こっている、と指摘する。ここでは、地球と月が同等の地位に置かれ、月から地球への影響は地球から月への影響に等しい、という相対的な視点から考察されていた。

続く恒星に関する記述は、月や木星の衛星のものに比べて非常に短かったが、重要な内容を含んでいる。第一に、望遠鏡で見るときには、惑星と恒星は明確に区別される。惑星は拡大され、満月のように円形に見えるのに対して、恒星はそのような明瞭な姿を示すことがなかった。さらに、肉眼では見えなかったほぼ無数の恒星が見えた。それは掲載されたオリオン座中央部の図版で示されている。

第二の成果は、それまで何かわからなかった天の川が無数の星の集まりであることを明らかにした点である。そして、星の「雲のようなもの（nebulosa）」も星の集まりであることを示している。現代の専門用語で「星雲」を指す“nebula”もラテン語の「雲（nebula）」を語源としているが、ガリレオの場合は必ずしも星雲を意味してはいない。彼は星の「雲」の例として「オリオンの頭」や「プラエセペの星々」（プレセペ星団）を挙げているが、それらは当時一般に星の「雲」とみなされていたものである。

『星界の報告』の後半部分は、木星の衛星の観測記録に充てられている。一月七日から三月二日までの二ヵ月弱におよぶ期間の記録が衛星の配置図とともに掲載され、その内容は最初の数日を除いて、ほぼ観測日誌に従っていた。ただし、最初の数日については、観測日誌の記述が簡単なこともあって、大幅な加筆が行われており、当日の記録だけでなく、後日の観測に基づく記述も含まれている。

全体を通してほぼ定型的な記述が続いており、著作の前半部分の月の記述とは大きく異なった感じを受ける。前半では、望遠鏡によって得られた情報から月表面の起伏の存在を推論することが議論の中心になっていたが、後半の木星の衛星については、衛星の位置や大きさ、明るさの変化の情報自体が内容の中心になっている。それは、衛星の位置などの変化を詳細に辿ることが、それらが木星の周りを回転していることの証拠を示すことだったからである。木星の衛星は、月とは異なり、ガリレオの望遠鏡でも観測するのが困難であり、彼自身が同伴しても他の人は見ることができなかった、という話も残されている。

木星の衛星の発見は、太陽中心説に結びつけられて考えられていた。ガリレオは一月一日の報告において、木星のそばで発見された星について「天上では、金星と水星が太陽の周りを巡るように、三つの星が木星の周りを巡っていると判断し」たと述べ、木星とその衛星を小さな太陽系として理解していた。しかし、望遠鏡によって観察されたのは木星の周りの往復運動であり、それを回転運動と解釈することが必要だった。たしかに金星や水星は見かけ上、太陽の前後を往復運動しており、それをモデルにして木星の衛星の運動を考えた、とガリレオは述べているのである。

さらに、衛星に関する記述の最後において、ガリレオはコペルニクス体系、すなわち太陽中心説に直接言及している。彼はすでに一〇年以上前から太陽中心説を支持していたが、公開の場で支持するには証拠が足りないと思っていたようである。木星の衛星の発見を、ガリレオは太陽中心説を支持する証拠と捉えていた。太陽中心説に従って地球が太陽の周りを回転しているとすれば、月が地球の周りを回転している以上、地球は月を引き連れて太陽の周りを回転していることになる。そうなれば、なぜ地球だけがそのようなことを行っているのか、なぜ月は地球から離れずにいることができるのか、という疑問が生じるのである。この指摘は、太陽中心説に対する反論の一つとして主張されていた。しかし、木星が衛星を引き連れて太陽の周りを回転しているなら、地球が月を引き連れて太陽の周りを回転していても不思議ではない。このようにガリレオは反論する。しかし、木星の衛星の発見は、太陽中心説への疑念の一つを取り除くことはできるにしても、太陽中心説を支持する積極的な根拠にはならなかった。ガリレオが太陽中心説について公の場で支持するようになったのは、一六一〇年の終わりに金星の満ち欠けを発見してからのことである。

ガリレオがかなり早い時点で各衛星の周期を求めようとしていたことは『星界の報告』の一節から窺われる。彼自身が認めているとおり、それらの周期の決定には至っておらず、そのためには継続的な観測が不可欠だった。四つの衛星を区別することは非常に困難と思われており、ケプラーはそのようなことは不可能だと述べていた。しかし、ガリレオは、ほぼ二年後に刊行された『浮体論議』（一六一二年）で各衛星の周期を与えており、その値は現代のものに非常に近かった。また、『太陽黒点論』（一六一三年）では、一六一二年の三月から六月初めにかけての衛星の運行表を掲載している。

ガリレオは、それ以降も衛星の観測を継続していた。彼の目標は、衛星の運行表を作成し、さらにそれらの蝕を予測することにあった。というのも、それによって経度決定の問題に解決策を提供しようとしたのである。当時、ある地点の緯度や経度の決定は、天体の位置の観測によっていた。緯度は特定の天体の南中高度から求めることができたが、経度については、その地点における正確な時刻の測定が不可欠だった。その方法としては月蝕が用いられてきたが、月蝕はまれにしか起こらないことが問題だった。そこでガリレオは木星の衛星蝕を時刻の測定に利用しようと考えたのである。とくに海上での経度決定は大航海時代にあっては重要であり、ガリレオはスペインにこの方法を提案している。この交渉は立ち消えに終わるが、その後オランダにも提案しており、木星の衛星蝕を利用した経度決定は彼の終生のテーマだったと言えよう。

五　『星界の報告』刊行以後

『星界の報告』は、月表面の起伏の存在、天の川が無数の星々からなること、木星の衛星といった予期せぬ発見を読者に提供したが、それらはどのように受け止められたのだろうか。ガリレオの主張を受け入れるには、観測と理論の両面で大きな問題が存在した。

第一に、観測結果の検証の問題があった。当時、彼のほかには高い性能の望遠鏡を製作できず、彼から望遠鏡を提供してもらうことができなければ検証できなかったのである。月の表面はまだしも、木星の衛星の観測は非常に困難であり、当時プラハの宮廷にいたケプラーも、当地で入手できる望遠鏡では確認できないので望遠鏡を送って欲しい、とガリレオに手紙で伝えている。さらには、ガリレオが発見したと主張しているものは望遠鏡によるものであって実在するものではない、と批判する人たちもいた。望遠鏡を覗くことを拒否した哲学者もいたのだった。

ガリレオは自分が製作した望遠鏡をトスカナ大公国の外交ルートを通じて諸侯に贈呈している。各宮廷に関係を持っていた天文学者は、それを利用して観測したようである。ケプラーは、一六一〇年九月にプラハを訪問したケルン選帝侯から望遠鏡を使う機会を与えられて、木星の衛星を確認している。その望遠鏡は、ガリレオがケルン選帝侯に贈呈したものだった。その年の秋以降には、自ら製作した望遠鏡でガリレオの発見を確認する者が現れている。とくにガリレオにとって重要だったのは、当時カトリック世界において最も優れた天文学者集団と評価されていたイエズス会の天文学者たちが、年末になって望遠鏡による観測から彼の発見を認めたことである。彼らは一五八二年のグレゴリオ暦の制定の際に中心的な役割を果たしており、彼らによって承認されたことはガリレオを大いに勇気づけたのだった。

第二に、月表面の起伏をめぐっては、学説上の大きな問題が存在していた。ガリレオは観察された月表面の模様から月表面の起伏を主張したが、その際には月と地球の類似性という考えに頼っていた。しかし、この考えは当時支配的だった宇宙観と矛盾していた。それによれば、地上界と天上界はまったく異なる世界であって、地球と月の間には類似性は認められないのである。したがって、伝統的な宇宙観を支持する者には、ガリレオの主張はまったく認めることができなかったはずである。これに対して、ガリレオは月に起伏があることを示すことから天上界の完全性や不変性を批判し、地上界と天上界が同様の世界であることを主張したと言える。ガリレオの主張を認めることは、伝統的な宇宙論を放棄することに繋がっていた。イエズス会を代表する天文学者クラヴィウス（Christopher Clavius）（一五三八―一六一二年）も、木星の衛星の存在を認める一方で、月表面の起伏については否定し、平坦に近いが濃さが一様でなく、濃密な部分と希薄な部分があると考えていた。彼は観測結果を、天体は完全な球体である、という伝統的な主張に従って解釈したのである。

望遠鏡による観測結果に関するガリレオの宇宙論的な議論は月表面の説明にとどまっており、伝統的な宇宙論に代わるような理論体系を提示するようなものではなかった。宇宙の体系的な説明を重んじる哲学者にとっては、ガリレオの主張を認めることは難しかった。それは、たしかに月表面の斑点という個別事象の説明を可能にするとしても、その結果として宇宙全体に関する理論体系の整合性を失うことを導くのである。ガリレオが個別事象の説明を重んじたのに対して、哲学者は体系的な説明を重んじたのであり、両者の対立は自然研究の立場の違いを表していたと言えよう。

*

翻訳の底本としては、一六一〇年にヴェネツィアで刊行された初版を用いています。従来、研究および翻訳に際しては長らく国定版全集が用いられてきましたが、綴りが現代のものに直されているほか、句読点についてもしばしば変更されており、それらの点を考慮してヴェネツィア版を用いました。適宜、国定版とフランス語訳（羅仏対訳版）のテキストを参照しました。ラテン語原文と訳文を付き合わせてチェックをしていただいた岡村眞紀子さんと南部雅美さん、また原稿を読んで有益な感想を寄せてくれた学生の皆さんに感謝いたします。講談社編集部の互盛央さんには、木星の衛星の図版の組み方に関してご苦労いただきました。

本訳書を通じて、ガリレオの科学、そして現代社会の基礎になっている自然科学の誕生過程について、できるだけ多くの方に理解を深める機会を持っていただけたらと思います。

伊藤和行

文献案内・読書案内

『星界の報告』翻訳

『星界の報告』、『星界の報告 他一編』所収、山田慶児・谷泰訳、岩波書店（岩波文庫）、一九七六年。

Sidereus Nuncius, or, The Sidereal Messenger, translated with introduction, conclusion, and notes by Albert van Helden, Chicago: University of Chicago Press, 1989.（英語訳）

Galileo's Sidereus Nuncius, or, A Sidereal Message, translated from the Latin by William R. Shea, Sagamore Beach: Science History Publications, 2009.（英語訳）

Sidereus Nuncius, a cura di Andrea Battistini, traduzione di Maria Timpanaro Cardini, Venezia: Marsilio, 1993.（イタリア語訳）

Sidereus Nuncius, a cura di Flavia Marcacci, traduzione di Pietro A. Giustini, Città del Vaticano: Lateran University Press, 2009.（イタリア語訳）

Sidereus Nuncius: Le messager céleste, texte, traduction et notes établis par Isabelle Pantin, Paris: Les Belles Lettres, 1992.（フランス語訳）

ガリレオの他の著作

『太陽黒点にかんする第二書簡』、『星界の報告 他一編』所収、山田慶児・谷泰訳、岩波書店（岩波文庫）、一九七六年。
『天文対話』（全二冊）、青木靖三訳、岩波書店（岩波文庫）、一九五九、六一年。（本書では『世界系対話』と表記している。以下同様）
『偽金鑑識官』山田慶児・谷泰訳、豊田利幸責任編集『ガリレオ』（「世界の名著」21）所収、中央公論社、一九七三年。
『新科学論議』（抄訳）、伊藤和行・斉藤憲訳、伊東俊太郎『ガリレオ』（「人類の知的遺産」31）所収、講談社、一九八五年。
『新科学対話』（全二冊）、今野武雄・日田節次訳、岩波書店（岩波文庫）、一九三七、四八年。（『新科学論議』）
『レ・メカニケ』豊田利幸訳、『ガリレオ』（「世界の名著」21）所収。（『機械学』）

著作集・抄訳集

『ガリレオ』（「世界の思想家」6）、青木靖三編、平凡社、一九七六年。
The Essential Galileo, edited and translated by Maurice A. Finocchiaro, Indianapolis: Hackett, 2008.（英語翻訳集）
Selected Writings, translated by William R. Shea and Mark Davie, Oxford: Oxford University Press, 2012.（英語翻訳集）

Opere di Galileo Galilei, 2 voll., a cura di Franz Brunetti, Torino: UTET, 1996.（イタリア語著作集）

Opere, 20 voll., Edizione Nazionale, a cura di Antonio Favaro, Quarta edizione, Firenze: Giunti-Barbera, 1968.（国定版全集） ＊現在はインターネット上で画像ファイルを入手可能

ガリレオについて

［望遠鏡と天体観測］

若松謙一・渡部潤一『みんなで見ようガリレオの宇宙』岩波書店（岩波ジュニア新書）、一九九六年。

ホルスト・ブレーデカンプ『芸術家ガリレオ・ガリレイ――月・太陽・手』原研二訳、産業図書、二〇一二年。

Giorgio Strano (ed.), *Galileo's Telescope: The Instrument That Changed the World*, Firenze: Giunti, 2008.

Massimo Bucciantini, Michele Camerota, and Franco Giudice, *Galileo's Telescope: A European Story*, translated by Catherine Bolton, Cambridge, Mass.: Harvard University Press, 2015.

David Wootton, *Galileo: Watcher of the Skies*, New Haven: Yale University Press, 2010.

Mario Biagioli, *Galileo's Instruments of Credit: Telescopes, Images, Secrecy*, Chicago: University of Chicago Press, 2006.

［ガリレオの人生と業績］

伊藤和行「ガリレオ」、伊藤博明責任編集『哲学の歴史4　ルネサンス——世界と人間の再発見』所収、中央公論新社、二〇〇七年。

伊藤和行『ガリレオ——望遠鏡が発見した宇宙』中央公論新社（中公新書）、二〇一三年。

ジェームズ・マクラクラン『ガリレオ・ガリレイ——宗教と科学のはざまで』野本陽代訳、大月書店（オックスフォード科学の肖像）、二〇〇七年。

青木靖三『ガリレオ・ガリレイ』岩波書店（岩波新書）、一九六五年。

田中一郎『ガリレオ——庇護者たちの網のなかで』中央公論社（中公新書）、一九九五年。

スティルマン・ドレイク『ガリレオの生涯』（全三冊）、田中一郎訳、共立出版、一九八四—八五年。

アレクサンドル・コイレ『ガリレオ研究』菅谷暁訳、法政大学出版局（叢書・ウニベルシタス）、一九八八年。

Michele Camerota, *Galileo Galilei e la cultura scientifica nell'età della controriforma*, Roma: Salerno Editrice, 2004.
J. L. Heilbron, *Galileo*, Oxford: Oxford University Press, 2010.
Mario Biagioli, *Galileo, Courtier: The Practice of Science in the Culture of Absolutism*, Chicago: University of Chicago Press, 1993.
Matteo Valleriani, *Galileo Engineer*, Dordrecht: Springer, 2010.

［ガリレオと宗教裁判］

アンニバレ・ファントリ『ガリレオ――コペルニクス説のために、教会のために』大谷啓治監修、須藤和夫訳、みすず書房、二〇一〇年。

W・シーア&M・アルティガス『ローマのガリレオ――天才の栄光と破滅』浜林正夫・柴田知薫子訳、大月書店、二〇〇五年。

田中一郎『ガリレオ裁判――四〇〇年後の真実』岩波書店（岩波新書）、二〇一五年。

Maurice A. Finocchiaro, *Retrying Galileo 1633-1992*, Berkeley: University of California Press, 2005.

The Galileo Affair: A Documentary History, edited and translated with an introduction and notes by Maurice A. Finocchiaro, Berkeley: University of California Press, 1989.

望遠鏡と天文学の歴史

フレッド・ワトソン『望遠鏡四〇〇年物語――大望遠鏡に魅せられた男たち』長沢工・永山淳子訳、地人書館、二〇〇九年。

クリストファー・ウォーカー編『望遠鏡以前の天文学――古代からケプラーまで』山本啓二・川和田晶子訳、恒星社厚生閣、二〇〇八年。

Henry C. King, *The History of the Telescope*, London: Griffin, 1955.

The Origins of the Telescope, edited by Albert Van Helden, Sven Dupré, Rob Van Gent, and

Huib Zuidervaart, Amsterdam: KNAW Press, 2010.

一七世紀科学革命について

Lawrence M. Principe『科学革命』（「サイエンス・パレット」19）、菅谷暁・山田俊弘訳、丸善出版、二〇一四年。

ピーター・ディア『知識と経験の革命――科学革命の現場で何が起こったか』高橋憲一訳、みすず書房、二〇一二年。

ジョン・ヘンリー『一七世紀科学革命』東慎一郎訳、岩波書店（ヨーロッパ史入門）、二〇〇五年。

＊ガリレオ博物館（Museo Galileo）（フィレンツェ）のウェブページに豊富な情報があります（http://www.museogalileo.it/en/）。

KODANSHA

＊本書は、講談社学術文庫のための新訳です。

ガリレオ・ガリレイ（Galileo Galilei）

1564-1642年。イタリアの数学者・天文学者。落下法則の発見，望遠鏡による天体観測などの功績を残す。代表作は，本書のほか，『世界系対話』（1632年），『新科学論議』（1638年）。

伊藤和行（いとう　かずゆき）

1957年生まれ。京都大学教授。専門は，科学史。著書に『ガリレオ』，『イタリア・ルネサンスの霊魂論』（共著）ほか。2021年没。

講談社学術文庫

定価はカバーに表示してあります。

星界《せいかい》の報告《ほうこく》

ガリレオ・ガリレイ

伊藤和行《いとうかずゆき》 訳

2017年5月11日　第1刷発行
2024年4月19日　第5刷発行

発行者　森田浩章
発行所　株式会社講談社
東京都文京区音羽 2-12-21 〒112-8001
電話　編集（03）5395-3512
販売（03）5395-5817
業務（03）5395-3615

装　幀　蟹江征治
印　刷　株式会社広済堂ネクスト
製　本　株式会社国宝社
本文データ制作　講談社デジタル製作

ISBN978-4-06-292410-8

「講談社学術文庫」の刊行に当たって

これは、学術をポケットに入れることをモットーとして生まれた文庫である。学術は少年の心を養い、成年の心を満たす。その学術がポケットにはいる形で、万人のものになることは、生涯教育をうたう現代の理想である。

こうした考え方は、学術を巨大な城のように見る世間の常識に反するかもしれない。また、一部の人たちからは、学術の権威をおとすものと非難されるかもしれない。しかし、それはいずれも学術の新しい在り方を解しないものといわざるをえない。

学術は、まず魔術への挑戦から始まった。やがて、いわゆる常識をつぎつぎに改めていった。学術の権威は、幾百年、幾千年にわたる、苦しい戦いの成果である。こうしてきずきあげられた城が、一見して近づきがたいものにうつるのは、そのためである。しかし、学術の権威を、その形の上だけで判断してはならない。その生成のあとをかえりみれば、その根は常に人々の生活の中にあった。学術が大きな力たりうるのはそのためであって、生活をはなれた学術は、どこにもない。

開かれた社会といわれる現代にとって、これはまったく自明である。生活と学術との間に、もし距離があるとすれば、何をおいてもこれを埋めねばならない。もしこの距離が形の上の迷信からきているとすれば、その迷信をうち破らねばならぬ。

学術文庫は、内外の迷信を打破し、学術のために新しい天地をひらく意図をもって生まれた。文庫という小さい形と、学術という壮大な城とが、完全に両立するためには、なおいくらかの時を必要とするであろう。しかし、学術をポケットにした社会が、人間の生活にとってより豊かな社会であることは、たしかである。そうした社会の実現のために、文庫の世界に新しいジャンルを加えることができれば幸いである。

一九七六年六月

野間省一

西洋の古典

2502・2503
世界史の哲学講義　ベルリン　1822／23年(上)(下)
G・W・F・ヘーゲル著／伊坂青司訳

一八二二年から没年（一八三一年）まで行われた講義のうち初年度を再現。上巻は序論「世界史の概念」から本論第一部「東洋世界」を、下巻は第二部「ギリシア世界」から第四部「ゲルマン世界」をそれぞれ収録。

電P

2504
小学生のための正書法辞典
ルートヴィヒ・ヴィトゲンシュタイン著／丘沢静也・荻原耕平訳

ヴィトゲンシュタインが生前に刊行した著書は、たった二冊。一冊は『論理哲学論考』、そして教員生活を送っていた一九二六年に書かれた本書である。長らく未訳のままだった幻の書、ついに全訳が完成。

電P

2505
言語と行為　いかにして言葉でものごとを行うか
J・L・オースティン著／飯野勝己訳

言葉は事実を記述するだけではない。言葉を語ることがそのまま行為をすることになる場合がある——「確認的」と「遂行的」の区別を提示し、「言語行為論」の誕生を告げる記念碑的著作、初の文庫版での新訳。

電P

2506
老年について　友情について
キケロー著／大西英文訳

偉大な思想家にして弁論家、そして政治家でもあった古代ローマの巨人キケロー。その最晩年に遺された著作のうち、もっとも人気のある二つの対話篇。生きる知恵を今に伝える珠玉の古典を一冊で読める新訳。

電P

2507
技術とは何だろうか　三つの講演
マルティン・ハイデガー著／森　一郎編訳

第二次大戦後、一九五〇年代に行われたテクノロジーをめぐる講演のうち代表的な三篇「物」、「建てること、住むこと、考えること」、「技術とは何だろうか」を新訳で収録する。技術に翻弄される現代に必須の一冊。

電P

2508
閨房の哲学
マルキ・ド・サド著／秋吉良人訳

数々のスキャンダルによって入獄と脱獄を繰り返し、人生の三分の一以上を監獄で過ごしたサドのエッセンスが本書には盛り込まれている。第一級の研究者がついに手がけた「最初の一冊」に最適の決定版新訳。

電P

《講談社学術文庫　既刊より》

西洋の古典

2509
物質と記憶
アンリ・ベルクソン著／杉山直樹訳

フランスを代表する哲学者の主著――その新訳を第一級の研究者が満を持して送り出す。簡にして要を得た訳者解説を収録した文字どおりの「決定版」である本書は、ベルクソンを読む人の新たな出発点となる。

電P

2519
科学者と世界平和
アルバート・アインシュタイン著／井上　健訳（解説・佐藤優／筒井　泉）

ソビエトの科学者との戦争と平和をめぐる対話「科学者と世界平和」。時空の基本概念から相対性理論の着想、統一場理論への構想まで記した「物理学と実在」。平和と物理学、それぞれに統一理論はあるのか？

電P

2526
中世都市　社会経済史的試論
アンリ・ピレンヌ著／佐々木克巳訳（解説・大月康弘）

「ヨーロッパの生成」を中心テーマに据え、二十世紀を代表する歴史家となったピレンヌ不朽の名著。地中海を囲む古代ローマ世界はゲルマン侵入とイスラーム勢力によっていかなる変容を遂げたのかを活写する。

電P

2561
箴言集
ラ・ロシュフコー著／武藤剛史訳（解説・鹿島茂）

十七世紀フランスの激動を生き抜いたモラリストが、人間の本性を見事に言い表した「箴言」の数々。鋭敏な人間洞察と強靱な精神、ユーモアに満ちた短文が、自然に読める新訳で、現代の私たちに突き刺さる！

電P

2562・2563
国富論（上）（下）
アダム・スミス著／高　哲男訳

スミスの最重要著作の新訳。「見えざる手」による自由放任を推奨するだけの本ではない。分業、貨幣、利子、貿易、軍備、インフラ整備、税金、公債など、経済の根本問題を問う近代経済学のバイブルである。

電P

2564
ペルシア人の手紙
シャルル＝ルイ・ド・モンテスキュー著／田口卓臣訳

二人のペルシア貴族がヨーロッパを旅してパリに滞在している間、世界各地の知人たちとやり取りした虚構の書簡集。刊行（一七二一年）直後から大反響を巻き起こした異形の書、気鋭の研究者による画期的新訳。

電P

西洋の古典

2700
方法叙説
ルネ・デカルト著／小泉義之訳
われわれは、この新訳を待っていた——デカルトから出発した孤高の研究者が満を持してみずからの原点に再び挑む。『方法序説』という従来の邦題を再検討に付すなど、細部に至るまで行き届いた最良の訳が誕生！
電P

2701
永遠の平和のために
イマヌエル・カント著／丘沢静也訳
哲学者は、現実離れした理想を語るのではなく、目の前の事実から出発していかに「永遠の平和」を実現できるのかを考え、そのための設計図を描いた——従来の邦訳が与えるイメージを一新した問答無用の決定版新訳。
電P

2702
国民とは何か
エルネスト・ルナン著／長谷川一年訳
「国民の存在は日々の人民投票である」という言葉で知られる古典を、初めての文庫版で新訳する。逆説的にもグローバリズムの中で存在感を増している国民国家の本質とは？　世界の行く末を考える上で必携の書！
電P

2703
個性という幻想
ハリー・スタック・サリヴァン著／阿部大樹編訳
対人関係が精神疾患を生み出すメカニズムを解明し、いま注目の精神医学の古典。人種差別、徴兵と戦争、プロパガンダ、国際政治などを論じ、社会科学の中に精神医学を位置づける。本邦初訳の論考を中心に新編集。
電P

2704
人間の条件
ハンナ・アレント著／牧野雅彦訳
「労働」「仕事」「行為」の三分類で知られ、その絡み合いの中で「世界からの疎外」がもたらされるさまを描き出した古典。はてしない科学と技術の進歩の中、人間はいかにして「人間」でありうるのか——待望の新訳！
電P

2749
宗教哲学講義
G・W・F・ヘーゲル著／山﨑　純訳
ドイツ観念論の代表的哲学者ヘーゲル。彼の講義は人気を博し、後世まで語り継がれた。西洋から東洋までの宗教を体系的に講じた一八二七年の講義に、一八三一年の講義の要約を付す。ヘーゲル最晩年の到達点！